KB263557

스미스가 들려주는 지층 이야기

스미스가 들려주는 지층 이야기

ⓒ 김정률, 2011

초판  1쇄 발행일 | 2011년 3월 30일
초판 11쇄 발행일 | 2021년 5월 31일

지은이 | 김정률
펴낸이 | 정은영
펴낸곳 | (주)자음과모음

출판등록 | 2001년 11월 28일 제2001－000259호
주    소 | 04047 서울시 마포구 양화로6길 49
전    화 | 편집부 (02)324－2347, 경영지원부 (02)325－6047
팩    스 | 편집부 (02)324－2348, 경영지원부 (02)2648－1311
e－mail  | jamoteen@jamobook.com

ISBN 978－89－544－2219－2 (44400)

• 잘못된 책은 교환해드립니다.

# 스미스가 들려주는
# 지층 이야기

| 김정률 지음 |

㈜자음과모음

# 지구의 역사를 알고 싶은 청소년을 위한 '지층' 이야기

스미스가 지층을 조사하여 세계 최초로 지질도를 만들고 동물군 천이의 법칙을 발표한 지도 2백 년이 가까워지고 있습니다. 스미스 자신이 야외에서 땀을 흘리며 지층을 조사하여 밝혀낸 이 법칙은 오늘날까지 지층과 지층에 포함된 화석을 통해 지구의 역사를 밝혀 주는 기본 법칙으로 인정받고 있습니다. 한 사람의 꾸준한 노력으로 오늘날 우리가 지구의 역사를 올바르게 이해하는 계기가 마련된 것입니다.

과학은 아주 작은 발견이나 관찰 하나하나가 오랫동안 모여서 이루어집니다. 수십억 년의 기나긴 지구의 역사가 작은 돌멩이와 돌멩이에 포함된 화석의 관찰로부터 밝혀지게 될 줄 누가 알았겠습니까? 스미스가 지층을 조사하며 야외에서 흘린 땀의 대가로 우리는 돌멩이와 화석의 중요성과 과학적 의미를 알게 된 것입니다.

스미스는 불우한 가정 환경으로 학교 교육도 제대로 받지 못했지만, 자신의 어려운 환경을 이겨내고 스스로의 힘으로 학문에 정진한 결과 지구의 역사를 해석하는 위대한 법칙을 확립할 수 있었습니다. 스미스의 이러한 노력이 없었다면 삼엽충, 공룡, 암모나이트 등이 살았던 지구의 역사를 누구도 올바르게 알지 못했을 것입니다. 스미스는 위대한 과학자일 뿐만 아니라 고난과 역경을 이겨 낸 인간 승리의 본보기이기도 합니다.

이 책은 지층의 형성 과정, 지층에서 볼 수 있는 여러 가지 퇴적 구조와 화석을 통하여 고생대, 중생대 및 신생대 등으로 구분짓는 지구의 역사 이야기를 들려줍니다. 또한 지층을 조사하는 방법과 한국에서 볼 수 있는 지층 관찰 장소를 알려 주기도 합니다. 이 책을 읽고 나면 지층에 관한 전반적인 내용을 쉽게 이해할 수 있을 것입니다.

저는 이 책을 읽는 청소년늘이 작은 발견 하나라도 소중히 여기고, 앞선 과학자들의 생각을 배워 우리의 지구가 겪은 많은 사건을 이해하기를 바랍니다. 그리하여 앞으로 지구의 새로운 역사를 만들어 낼 과학자로 성장하기를 진심으로 바랍니다.

끝으로 원고를 정리해 준 김미경, 안회진 선생님과 이 책을 출간할 수 있도록 배려해 준 (주)자음과모음의 강병철 사장님 그리고 편집부 직원들에게 감사드립니다.

김 정 률

# 차례

1

# 지층은 어떻게 형성될까?

지구의 표면은 육지와 바다로 이루어져 있습니다.
육지와 바다를 이루고 있는 지층은 어떻게 만들어질까요?

# 지층은
# 어떻게 형성될까?

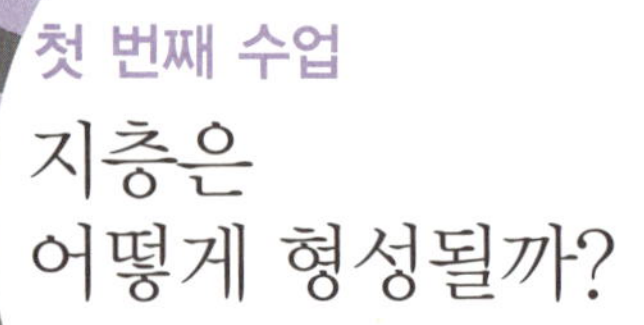

# 스미스가 자기소개를 하며
# 첫 번째 수업을 시작했다.

안녕하세요? 나는 영국의 지질학자 윌리엄 스미스(William Smith, 1769~1839)입니다. 혹시 내 별명이 무엇인지 아나요? 흔히 사람들은 나를 '지층 스미스'라고 부릅니다. 내가 지층을 많이 연구하였기 때문에 고맙게도 좋은 별명을 붙여 준 것 같아요. 어떤 학자들은 나를 '영국의 지질학과 층서학의 아버지'라고도 부르는데, 조금 과분하다는 생각도 듭니다.

나는 오늘부터 여섯 번의 수업을 하며 여러분과 지층에 관한 이야기를 나눌까 해요. 지층에 관해 알아볼 준비가 되었나요?

__네, 선생님!!!

목소리가 큰 걸 보니 지층에 대해 공부할 준비가 잘되어 있는 것 같군요. 그럼 오늘은 첫 번째 수업으로 지층이 어디에서 어떻게 형성되는지를 알아보기로 해요.

우선 우리가 살고 있는 지구 표면의 모습을 살펴볼까요?

스미스가 학생들 앞에 세계 지도를 펴 보였다.

육지와 바다의 분포

여러분이 이미 알고 있듯이 지구의 표면은 육지와 바다로 나눕니다. 육지를 이루는 커다란 대륙으로는 아시아, 유럽, 아프리카, 오세아니아, 북아메리카, 남아메리카가 있습니다.

넓은 바다로는 태평양과 대서양 및 인도양이 있다는 것도 여러분 모두가 잘 알고 있지요? 물론 이보다 조금 작은 바다에는 북빙양과 남빙양 그리고 지중해 등이 포함됩니다.

이러한 육지와 바다로 둘러싸인 지구의 가장 바깥 부분을 지각이라고 합니다. 지구를 달걀에 비유해 보면 달걀 껍데기가 바로 지각에 해당하지요. 한마디로 지각은 땅껍질이라고 할 수 있어요. 지각은 여러 종류의 토양과 암석으로 이루어져 있습니다. 특히 여러 퇴적물이 차곡차곡 쌓여 이루어진 지각에서는 층 구조를 볼 수 있는데, 이것이 바로 지층입니다. 그렇다면 지층을 이루는 퇴적물은 어디에서 어떻게 만들어질까요?

육지는 해안선보다 높고, 바다는 해안선보다 낮아요. 따라서 해안선보다 높은 육지에서는 지표면이 깎이는 침식 작용이 활발하여 암석이 부스러지면서 퇴적물이 형성되고, 해안선보다 낮은 바다에서는 육지에서 형성된 퇴적물이 운반되어 쌓이게 되겠지요? 이처럼 육지에서는 침식 작용이 우세하고, 바다에서는 퇴적 작용이 우세합니다.

__선생님, 높이 솟은 육지가 깎이고 깊은 바다가 퇴적물로 채워진다면 언젠가는 지구의 표면이 평탄해지지 않을까요?

하하, 그렇게 생각할 수도 있겠군요. 만약 그렇게만 된다면

지구의 편평한 표면이 수천 m 깊이의 바닷물로 덮이게 될 것입니다. 하지만 지구의 표면은 침식과 퇴적 작용뿐만 아니라 융기와 침강을 동반한 조산 운동이 일어나기 때문에 다양한 지형을 갖는 육지와 바다를 유지하게 됩니다.



대체로 육지에서 침식 작용이 활발하게 일어나지만 강과 호수로 이루어진 지대가 낮은 곳에서는 퇴적 작용이 활발하여 퇴적물이 쌓입니다. 또한 바다에서는 퇴적 작용이 활발하게 일어나지만 곳에 따라서는 침식 작용이 일어나기도 하지요.

그러면 왜 육지와 바다에서 주로 일어나는 작용이 다를까요? 그걸 이해하기 위해서는 먼저 육지와 바다의 환경을 알아야겠지요? 먼저 육지의 환경에 대하여 알아봅시다.

육지는 바다에 비해 그 넓이가 절반도 안 되지만 지구에 사는 수십억 명에 달하는 인구의 생활 터전이지요. 깊은 바닷

육지의 환경

속은 직접 들어가 보기 전에는 알 수 없으나 육지의 여러 환경은 눈으로 쉽게 볼 수 있어요.

육지에는 높은 산과 골짜기가 있고, 낮은 평야와 사막 그리고 강과 호수가 있어요. 높은 산악 지대에서는 풍화와 침식 작용이 활발하여 골짜기가 생기고 돌 부스러기와 흙이 만들어져서 골짜기를 따라 낮은 데로 이동합니다. 골짜기에 빗물이 모여 작은 하천이 만들어지면 이 하천을 따라서 퇴적물이 낮은 평지로 운반되어 강바닥에 쌓이기도 합니다. 물론 깊게 파인 호수에는 비교적 크기가 작은 퇴적물이 쌓이겠지요.

육지에는 숲이 울창한 산과 초원만 있는 것이 아니라 황량

한 사막도 있어요. 사막은 연간 강수량이 250mm 이하로 매우 건조한 지역입니다. 한국에서는 볼 수 없지만 사막은 전 세계적으로 매우 넓게 분포하며, 그중 대표적인 사막으로는 사하라 사막을 들 수 있지요. 여러분이 알고 있는 사막에는 어떤 것들이 있나요?

__고비 사막이요.

__전 사하라 사막밖에 모르는데, 이미 말씀하셔서…….

사하라 사막 이외에도 고비 사막, 타클라마칸 사막, 그레이트빅토리아 사막, 칼라하리 사막, 모하비 사막, 아타카마 사막 등이 있어요.

사막에는 모래가 넓고 두껍게 쌓여 있습니다. 또한 사막은 지속적으로 바람이 강하게 불다 보니, 바람에 많은 모래 알갱이들이 날리면서 커다란 암석이나 땅을 깎는 침식 작용이 활발하게 일어납니다.

이처럼 육지는 환경적 특성상 침식 작용이 주로 일어납니다. 육지는 이 정도만 이야기하고, 지금부터 시원한 바다로 가 볼까요?

스미스가 학생들에게 해저 지형을 나타내는 그림을 펼쳐 보였다.

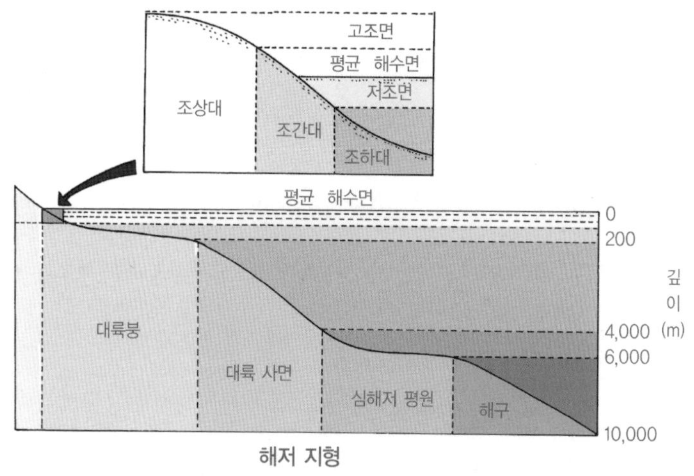


해저 지형

　바다는 지구 표면적의 약 70% 이상을 차지합니다. 바다가 넓은 만큼 바다 밑의 지형, 즉 해저 지형도 넓게 분포합니다. 해저 지형은 깊이에 따라서 대륙붕, 대륙 사면, 심해저 평원, 해구로 나눕니다. 대륙붕의 평균 깊이는 200m이며, 이곳에서는 햇빛을 이용하여 다양한 생물이 살아가고 있습니다.

　대륙붕에서도 육지와 만나는 해안에는 한국 서해안과 같은 조간대와 동해안 곳곳에서 볼 수 있는 해빈(beach)이 해안선을 따라서 넓게 분포하지요. 밀물과 썰물이 뚜렷이 나타나는 조간대에는 주로 모래와 점토가 쌓이고, 파도의 에너지가 큰 해빈에서는 주로 자갈과 모래가 쌓입니다.

### 대륙붕

대륙붕은 바닷가 해안으로부터 200m 정도 깊이의 지점까지 이르는 해저 지형이다. 대륙붕의 평균 깊이 변화는 1km당 1m이다. 민물의 유입으로 좋은 어장이 형성되고, 천연가스나 석유의 저장고 역할을 하며, 퇴적물 속에 광물 자원이 풍부하여 해저 지형 중 가장 중요한 지역이라고 할 수 있다. 그리고 수심이 깊지 않아 자원을 개발하여 활용하기에 아주 좋은 조건을 갖추고 있다.

### 대륙 사면

대륙붕과 심해저 평원 사이에 있는 해저 지형이다. 대륙붕보다 기울기가 급하나 지역마다 기울기의 차이가 크다. 기울기는 평균 5° 정도이고, 급한 곳은 25°에 이르며, 폭은 평균 20km이다. 또한 대륙 사면은 해저 지형의 12%에 이른다. 해양 지각과 대륙 지각의 경계에 해당하고 보통 해저 협곡이 존재한다. 대륙 사면이 끝나는 부분에는 대륙대가 존재하거나 해구가 존재하기도 한다. 대서양의 경우 해구가 발달하지 않아 대륙 사면에서 완만하게 대륙대로 이어져 있고, 태평양은 해구가 발달해 있다.

### 심해저 평원

일반적으로 수심이 2,000~6,000m에 이르는 깊은 바다를 심해라 하고, 그 밑바닥에 펼쳐진 넓은 평원 모양의 지형을 심해저 평원 또는 심해 평원이라고 한다. 심해저 평원의 표면은 대체로 고르지 못하나, 1km당 깊이 변화가 10~100cm에 불과하며, 대륙대 주변을 따라 완만하게 펼쳐져 있는 것이 보통이다. 이 광대한 평원은 폭이 수백 km도 더 되고, 길이가 수천 km에 이르는 것도 있다. 심해저 평원은 대서양에서 가장 많이 볼 수 있으며 그 규모도 가장 크다. 다음으로 인도양에 많이 있고, 태평양에는 그리 많지 않다. 태평양에는 주로 연해의 작은 평원이나 좁고 긴 해구의 형태를 보이고 있다. 심해저 평원은 대륙대에서 흘러 들어온 퇴적물이 쌓여 이루어진 것으로 추정되고 있다.

대륙붕에는 주로 육지에서 운반된 퇴적물이 쌓입니다. 대륙붕의 끝에서부터 약 4,000m 깊이까지의 대륙 사면은 5° 정도의 기울기를 이룹니다. 그래서 대륙붕에 쌓인 퇴적물은 지진 활동 등에 의하여 대륙 사면의 골짜기를 따라 심해저 평원으로 이동되기도 합니다.

중력에 의해 대륙 사면을 따라서 심해저 평원으로 이동되는, 퇴적물의 밀도가 비교적 높은 탁류를 '저탁류'라고 합니다. 4,000~6,000m 정도 깊이의 심해저 평원에서는 알갱이의 크기가 매우 작은 퇴적물인 점토가 침전되어 쌓이며, 퇴적물 중에는 맨눈으로 구분하기 어려울 정도로 매우 작은 단세포 동물인 유공충이 포함되어 화석이 만들어지기도 합니다.

앞에서 바닷속 지형을 나타낸 그림을 볼 때 여러분이 염두에 두어야 할 내용이 있어요. 그림에서 거리를 나타낸 가로와 깊이를 나타낸 세로의 축척이 크게 다르다는 점을 유의해야 합니다. 이 점을 생각하지 않으면 해저 지형의 굴곡과 기울기를 실제와 매우 다르게 착각할 수 있습니다. 축척을 생각하지 않을 경우, 그림에서는 대륙 사면의 기울기가 45° 정도 되는 것처럼 보이지만 실제로는 약 5°에 불과하지요.

이처럼 바다는 거센 파도에 의해 침식 작용이 일어나기도

하지만 주로 퇴적물이 흐르는 물에 의해 운반되어 쌓이는 퇴적 작용이 일어납니다.

어때요? 지층이 어떻게 형성되는지 이제 확실히 알게 되었나요?

―네!

―풍화나 침식 작용에 의해 암석이 부스러져서 퇴적물이 되면, 퇴적물이 쌓여서 지층이 만들어져요.

모두 수업에 집중하고 있었군요. 훌륭한 수업 태도예요. 우리는 지금까지 지층이 어떻게 형성되고, 지층이 형성되는 지구의 환경에 대하여 알아보았습니다. 오늘은 첫 번째 시간이니 이 정도만 공부하고, 다음 시간에는 지층을 이루는 암석에 대해서 본격적으로 알아보기로 해요.

선생님, 이것 좀 보세요. 겹겹이 쌓인 것이 무척 신기하게 생겼어요.
이건 바로 퇴적물이 쌓여 굳은 암석이에요.

아~, 이런 암석이 층을 이루는 것이 지층이군요?
그렇지요. 특히 여러 퇴적물이 쌓여 만들어진 암석에서 지층을 잘 관찰할 수 있어요.

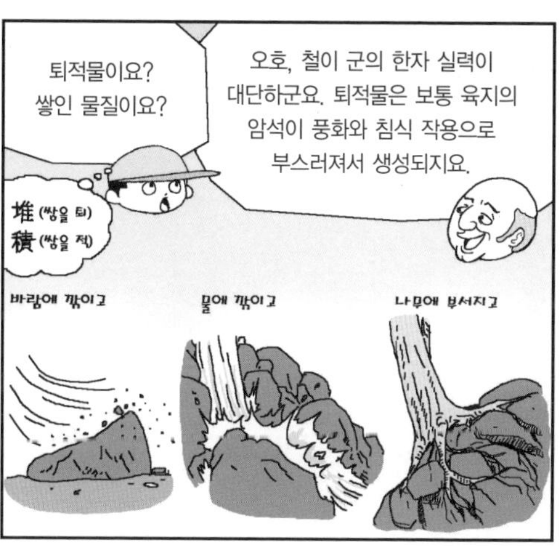
퇴적물이요? 쌓인 물질이요?
오호, 철이 군의 한자 실력이 대단하군요. 퇴적물은 보통 육지의 암석이 풍화와 침식 작용으로 부스러져서 생성되지요.
堆(쌓을 퇴)
積(쌓을 적)
바람에 깎이고
물에 깎이고
나무에 부서지고

이러한 퇴적물은 바다로 운반되어 쌓이게 된답니다.
그렇다면 육지는 계속해서 깎이고 바다는 퇴적물로 채워지게 될 테니 언젠간 지구의 표면이 평탄해지겠네요?
풍화 작용
강
바다

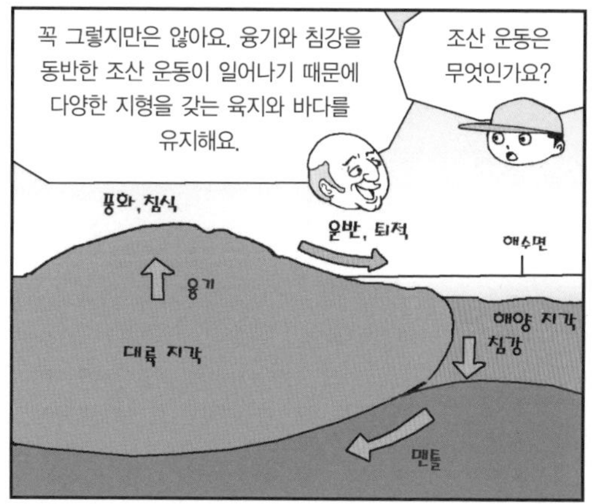
꼭 그렇지만은 않아요. 융기와 침강을 동반한 조산 운동이 일어나기 때문에 다양한 지형을 갖는 육지와 바다를 유지해요.
조산 운동은 무엇인가요?
풍화, 침식
운반, 퇴적
해수면
융기
대륙 지각
해양 지각
침강
맨틀

습곡이나 단층이 일어나 산맥 또는 높은 산지를 만드는 지각 운동을 말해요.
그렇군요. 제가 서 있는 이 땅에 오랜 시간에 걸쳐 지층이 형성되고 여러 지각 변동을 거쳤다니, 지구가 마치 살아서 움직이는 생명체 같아요.

**2**

# 지층을 이루는 암석

지층은 퇴적물이 쌓여서 굳어진 퇴적암에 나타납니다.
퇴적물과 퇴적암에는 어떤 종류가 있을까요?
그리고 퇴적암에는 어떤 무늬가 나타날까요?

# 지층을 이루는 암석

스미스가 돌멩이가 가득 담긴
바구니를 가져와서
두 번째 수업을 시작했다.

## 퇴적물과 퇴적암

지난 시간에 지층이 어디에서 어떻게 형성되는지에 대하여
이야기한 내용을 기억하나요? 지층을 이루는 퇴적물을 잠깐
언급했었는데, 이번 시간에는 퇴적물에 대하여 더 자세하게
이야기하겠습니다.

퇴적물은 '쌓인 물질'입니다. 즉, 강과 호수 그리고 바다
밑에 쌓인 자갈, 모래, 점토와 같은 물질을 퇴적물이라고 합
니다. 그리고 이러한 퇴적물이 쌓인 암석이 퇴적암입니다.

스미스가 학생들에게 자갈과 모래 등 여러 가지의 퇴적물을 보여 주었다.

자갈과 모래가 섞인 퇴적물

퇴적물과 퇴적암은 알갱이의 크기가 작은 것부터 큰 것까지 여러 가지가 있습니다.

따라서 퇴적물과 퇴적암은 알갱이의 크기에 따라서 다음의 표와 같이 분류할 수 있습니다. 먼저 퇴적물에 대하여 알아봅시다.

알갱이의 크기에 따른 퇴적물과 퇴적암의 분류

| 알갱이의 지름 | 퇴적물 | | 퇴적암 | |
| --- | --- | --- | --- | --- |
| ― 256mm ― | 자갈 | 왕자갈 | 역암(각력암) | |
| ― 64mm ― | | 큰자갈 | | |
| ― 4mm ― | | 중자갈 | | |
| ― 2mm ― | | 잔자갈 | | |
| ― 0.063mm ― | 모래 | | 사암 | |
| ― 0.004mm ― | 실트 | 이토 | 실트암 | 이암, 셰일 |
| | 점토 | | 점토암 | |

점토는 크기가 제일 작은 퇴적물이며, 지름이 0.004mm 이하입니다. 점토는 크기가 작아서 맨눈으로 알갱이를 관찰하기 어려우며, 손으로 만지면 밀가루처럼 보드랍게 느껴집니다.

실트는 점토보다 크며 모래보다 작은 퇴적물입니다. 실트는 지름이 0.004~0.063mm 정도로 이것 역시 맨눈으로 알갱이를 관찰하기가 쉽지 않고, 점토보다 조금 더 거칠거칠한 느낌을 줍니다.

모래는 실트보다 더 크며 자갈보다 더 작은 퇴적물입니다. 모래의 지름은 0.063~2mm 정도입니다. 고운 모래는 맨눈으로 알갱이를 쉽게 관찰할 수 없으나, 굵은 모래는 맨눈으로 알갱이를 쉽게 관찰할 수 있지요. 굵은 모래라고 하여도 그 크기는 매우 작지요?

모래보다 큰 퇴적물은 바로 자갈입니다. 자갈은 지름이 2mm보다 큰 퇴적물을 밀합니다. 사갈은 다시 지름이 2~4mm인 잔자갈, 4~64mm인 중자갈, 64~256mm인 큰자갈 그리고 256mm 이상인 왕자갈로 나뉘지요. 여러분의 주먹만 한 퇴적물은 그 크기로 볼 때 어디에 해당할까요?

__중자갈이요.

__어? 저는 큰자갈에 가까워요.

하하, 각자 손의 크기에 따라 다를 수 있겠군요.

**퇴적물의 크기 측정 방법**

퇴적물의 크기는 퇴적물이 쌓인 환경을 알아내고 퇴적암을 분류하는 데 있어서 매우 중요하다. 자갈이나 굵은 모래와 같이 알갱이의 크기가 큰 퇴적물은 자를 이용하여 크기를 직접 측정할 수 있다. 그러나 가는 모래와 이보다 작은 퇴적물인 실트나 점토 등은 돋보기를 이용하여도 크기를 측정하기 어렵다. 이 경우에 과학자들은 체를 이용하거나 현미경을 이용하여 크기를 측정한다.

퇴적물의 크기는 퇴적물이 쌓이는 환경에 따라서 다릅니다. 대체로 크기가 큰 자갈은 강의 상류나 파도가 심하게 치는 해빈에서 볼 수 있으나, 점토와 같이 크기가 작은 퇴적물은 잔잔한 호수나 깊은 바다 환경에서 쌓입니다.

예를 들면 한 반에 키가 큰 학생들과 키가 작은 학생들이 섞여 있는 것처럼 어느 한 퇴적 환경에도 크기가 큰 퇴적물과 크기가 작은 퇴적물이 섞여 있습니다. 이러한 경우 퇴적물의 크기는 평균을 구해서 나타내기도 합니다. 평균 크기를 중심으로 크기가 다른 퇴적물이 모여 있기도 하고 퍼져 있기도 합니다.

이러한 것을 분급이라고 하는데, 분급은 퇴적물의 크기가 고른 정도를 나타냅니다. 크기가 고른 퇴적물인 경우에는 분급이 좋다고 합니다. 그리고 크기가 고르지 않아 크고 작은 퇴적물이 섞여진 경우에는 분급이 나쁘다고 하지요.

사막이나 해빈과 같은 환경에서는 주로 크기가 비슷한 퇴적물이 쌓입니다. 따라서 사막이나 해빈에 쌓인 퇴적물은 대체로 분급이 좋아요. 그러나 퇴적물이 갑자기 쌓이는 환경에서는 알갱이의 크기가 다양한 퇴적물이 쌓여서 퇴적물의 분급이 대체로 나쁘지요.

스미스가 학생들에게 퇴적물의 분급을 나타낸 그림을 보여 주었다.

　해빈 퇴적물과 강에 쌓인 하천 퇴적물 중 어느 것이 더 분급이 좋을까요?

　__ 해빈 퇴적물이요.

　예, 맞았어요. 해빈에 쌓인 퇴적물의 분급이 더 좋아요. 파도가 거센 해빈에서는 크기가 작은 점토가 깊은 바다로 밀려나가고 주로 모래가 쌓이기 때문이지요. 그렇다면 강의 상류에 쌓인 퇴적물과 하류에 쌓인 퇴적물 중 어느 것이 더 분급이 좋을까요?

　__ 하류 쪽이 더 좋을 것 같아요.

　예, 잘 대답했어요. 하류에 쌓인 퇴적물의 분급이 더 좋습니다. 왜냐하면 상류 쪽은 흔히 크고 작은 퇴적물들이 섞여 있는 경우가 많고, 하류 쪽은 큰 퇴적물들이 이동되는 동안 침식 작용을 받아 작아져서 대체로 크기가 고른 작은 퇴적물들로 이루어져 있기 때문이지요.

　퇴적물은 크기뿐만 아니라 모양도 여러 가지입니다. 퇴적물 알갱이의 모양이 공 모양에 가까운 정도를 구형도라고 하며, 모서리가 침식되어 둥글게 된 정도를 원마도라고 합니다.

　스미스가 학생들에게 퇴적물의 원마도와 구형도 그림을 보여 주었다.

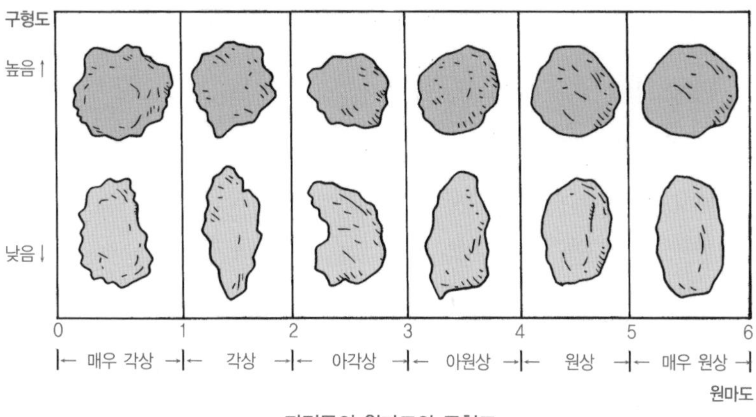



**퇴적물의 원마도와 구형도**

퇴적물 알갱이는 날카로운 모서리가 없는 원마도가 매우 높은 것부터 날카로운 모서리가 많은 각진 것까지 모양이 다양합니다.

＿선생님, 그럼 구형도가 높은 퇴적물 알갱이는 모두 원마도가 높은가요?

아닙니다. 구형도가 높은 퇴적물 중에는 원마도가 높은 것도 있고, 날카로운 모서리를 갖고 있는 것도 있지요.

그렇다면 해빈 퇴적물과 하천 퇴적물 중 어느 것이 원마도가 더 높을까요? 또 상류 퇴적물과 하류 퇴적물 중 어느 것이 원마도가 더 높을까요?

＿저는 해빈 퇴적물이나 하류 퇴적물의 원마도가 더 높다

고 생각합니다.

맞았어요. 여러분 모두 박수를 쳐 주세요. 해빈 퇴적물은 거센 파도에 의하여 오랫동안 깎였고, 하류 퇴적물은 상류에서부터 먼 거리를 운반되는 동안 깎였기 때문입니다.

강물에 의하여 운반되어 퇴적된 자갈들은 상류 쪽으로 기울어진 채 포개져서 나타나기도 합니다. 자, 이 그림을 한번 보세요.

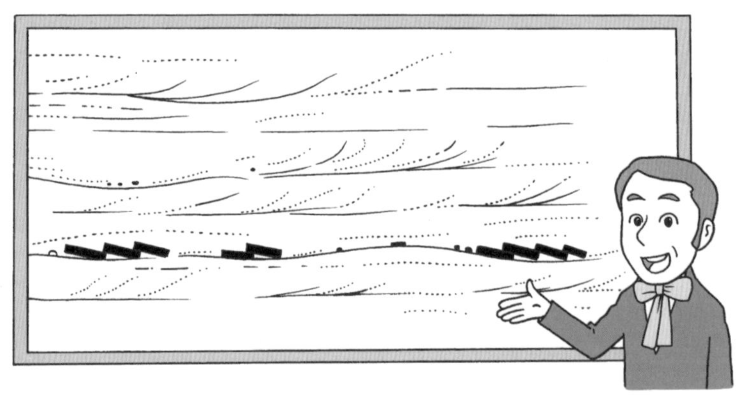

위 그림에서 강물이 흘러간 방향은 어느 쪽일까요?

_저는 오른쪽에서 왼쪽으로 강물이 흘러간 것으로 생각합니다.

다른 생각을 갖고 있는 학생은 없나요? 없는 것을 보니 모두 백 점짜리 학생들이군요. 강가에 가 보면 납작한 자갈들이 강물이 흘러간 쪽으로 비스듬하게 포개져 있는 것을 볼 수 있는데, 이는 매우 자연스러운 현상이지요.

지금까지 알아본 바와 같이 퇴적물의 종류는 다양한데, 어떤 퇴적물이 쌓이느냐에 따라 퇴적암의 종류 역시 다양합니다. 그럼 이제부터 퇴적암에 대하여 알아봅시다.

자갈이 쌓여 굳은 퇴적암을 역암이라고 하며, 모래가 쌓여 굳은 퇴적암을 사암이라고 합니다. 실트가 굳으면 실트암이 되고, 점토가 굳으면 점토암이 되지요. 점토와 실트가 섞인 것을 이토라고 하는데, 이토가 쌓여 굳은 퇴적암을 이암이라고 합니다. 특히 이암 중에서도 쪼개짐이 발달한 것을 셰일이라고 하지요. 그리고 모가 난 자갈들이 쌓여서 만들어진 퇴적암은 각력암이라고 합니다.

퇴적물은 물리적, 화학적 및 생물학적 과정에 의하여 만들어집니다. 퇴적물이 만들어지는 주요 과정에 의하여 퇴적암은 쇄설성 퇴적암, 화학적 퇴적암, 유기적 퇴적암 및 화산 쇄설성 퇴적암으로 나뉩니다.

쇄설성 퇴적암은 풍화, 침식 등의 물리적인 과정에 의하여 이미 존재하던 암석 덩어리가 깨지고 운반되고 쌓여서 굳어진 암석이며, 역암, 사암, 셰일 등이 포함됩니다.

퇴적암의 종류

| 퇴적암 | 퇴적물의 기원 | 예 |
| --- | --- | --- |
| 쇄설성 퇴적암 | 풍화, 침식 | 역암, 사암, 셰일 |
| 화학적 퇴적암 | 화학적 침전 | 증발암 |
| 유기적 퇴적암<br>(생화학적 퇴적암) | 생물의 파편 | 석회암, 석탄 |
| 화산 쇄설성 퇴적암 | 화산 활동 | 응회암 |

화학적 퇴적암은 물에 녹아 있던 물질이 화학적으로 침전하여 굳어진 암석이며, 석고와 암염으로 이루어진 증발암(바닷물이나 염분이 많은 호수의 물이 증발하여 마른 뒤에 생긴 퇴적암)이 포함됩니다.

유기적 퇴적암은 생화학적 퇴적암이라고도 하며, 생물의 파편이 쌓여 굳어진 암석으로 석회암과 석탄이 포함됩니다.

화산 쇄설성 퇴적암은 화산 활동으로 생긴 퇴적물이 굳은 암석으로 화산재가 굳은 응회암이 대표적입니다.

이처럼 퇴적암의 종류는 참으로 다양하지만, 많은 퇴적암에서 공통적으로 찾아볼 수 있는 특징이 있습니다. 바로 지층이에요. 앞에서 이야기한 바와 같이 자갈이나 모래 등의 여러 퇴적물이 차곡차곡 쌓여 만들어진 퇴적암에서는 층 구조가 나타납니다. 각 층을 구성하는 알갱이의 종류, 크기, 색깔 등이 다르다 보니 지층의 무늬가 형성되지요. 지층의 무늬에는 층리, 사층리, 물결 자국(연흔), 건열 등이 있으며, 이는 퇴적암을 화성암이나 변성암과 같은 다른 암석들과 구분 짓는 중요한 특징입니다. 또 퇴적암에서만 나타나는 특징으로 화석이 있습니다. 야외 현장에서 이러한 지층의 무늬나 화석이 있는 암석을 발견하면, 이 암석은 퇴적암이라는 것을 잘 알겠지요?

— 네!!!

## 지층의 무늬

지금까지 퇴적물과 퇴석암에 대해 알아보았습니다. 지금부터는 퇴적암의 특징인 지층의 무늬에 대하여 이야기하겠습니다.

퇴적물이 차곡차곡 쌓여서 만들어진 퇴적암은 시루떡처럼 층층이 줄무늬가 나타납니다. 이러한 줄무늬를 층리라고 합니다. 층리는 퇴적암의 가장 뚜렷한 특징이지요.

그렇다면 층리는 어떻게 만들어질까요? 모래와 같은 알갱

이들이 쌓이기만 하면 층리가 만들어질까요?

알갱이들이 쌓여야 층리가 만들어지지만, 알갱이들이 많이 쌓인다고 해서 무조건 층리가 만들어지는 것은 아닙니다. 층리는 쌓이는 알갱이들의 크기나 모양 등이 변하는 경우에만 만들어집니다.

예를 들면, 큰 알갱이들이 쌓이다가 작은 알갱이들이 쌓이는 경우 또는 둥근 알갱이들이 쌓이다가 모가 난 알갱이들이 쌓이는 경우에 층리가 나타납니다. 다시 말하면 층리는 쌓이는 알갱이들의 변화가 있을 경우에 생기며, 이러한 변화는 물의 깊이나 속도 등 주변 환경이 달라질 경우에 나타납니다. 즉, 아래 그림에 나타낸 것과 같이 알갱이들의 성분, 크기, 모양, 배열 등이 변할 경우에 층리가 생긴답니다.

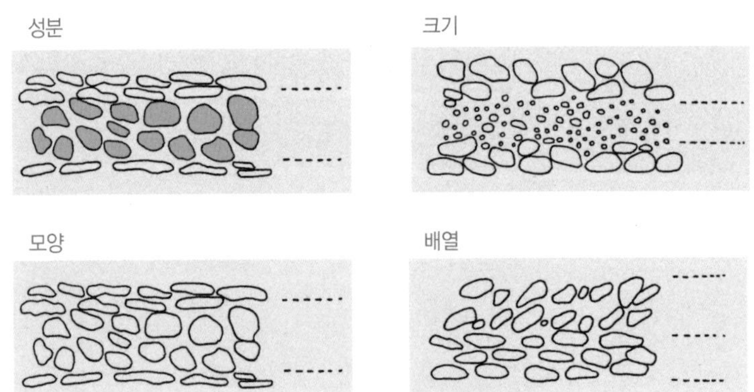


층리가 생기는 여러 가지 경우

이암

　__똑같은 알갱이들만 쌓여 갑자기 굳어진 퇴적암에서는 층리가 나타나지 않나요?

　그래요. 층리가 잘 나타나지 않는 퇴적암의 예로는 이토로 이루어진 이암을 들 수 있습니다.

　퇴적암에는 가장 중요한 무늬인 층리 이외에도 여러 가지 특징적인 무늬가 나타납니다. 흐르는 물에 의하여 모래와 같은 알갱이들이 운반되다가 쌓이면 물결 자국이 생깁니다. 물

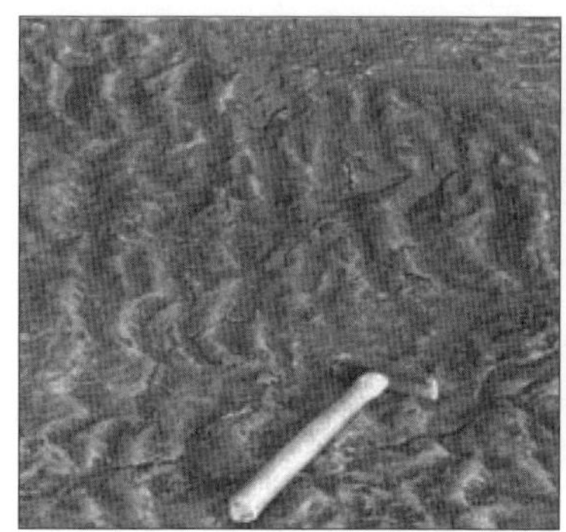

유수 연흔

파도 연흔

결 자국은 연흔이라고도 합니다. 물결 자국은 흘러가는 물(유수)에 의한 유수 연흔과 파도에 의한 파도 연흔이 있습니다. 유수 연흔은 물이 흘러가는 쪽의 경사가 흘러오는 쪽의 경사보다 급한 비대칭 모양이며, 파도 연흔은 봉오리가 뾰족하며 거의 대칭을 이룹니다.

물결 자국은 흐르는 물에 운반된 알갱이들이 쌓여서 형성되기 때문에 물결 자국의 단면에서는 층리가 나타납니다. 이러한 층리는 물이 흘러가는 방향으로 기울어져 있으며, 이를 사층리라고 합니다. 사층리는 물결 자국의 모양과 단면에 따라서 다른 모양으로 나타나는데, 판 모양의 판상 사층리와 골짜기 모양의 곡상 사층리로 구분됩니다.

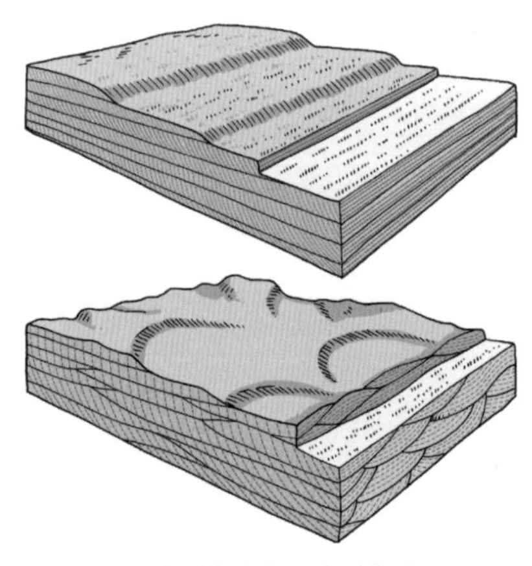

판상 사층리와 곡상 사층리

물결 자국과 사층리는 지층이 쌓일 당시 물이 흐른 방향을 알아내고, 지층의 형성 순서를 결정하는 데 이용됩니다.

앞의 물결 자국과 사층리를 보고 물의 흐른 방향을 이야기해 볼 사람 있나요? 맨 뒤에 있는 학생이 대답해 보세요.

＿제 생각에는 왼쪽 위에서 오른쪽 아래로 물이 흘렀던 것 같아요.

내가 이야기할 때 가끔 조는 것 같았는데, 대답은 잘하는군요. 다음부터는 수업 시간에 졸지 마세요.

＿예, 선생님!

물결 자국에서는 경사가 급한 쪽으로, 그리고 사층리에서는 층리가 경사진 쪽으로 물이 흘러간 것입니다.

지층이 형성될 때 보통 알갱이가 큰 것이 먼저 쌓이고, 작은 것은 나중에 쌓입니다. 이렇게 하여 만들어진 층리를 점이 층리라고 합니다. 점이 층리는 여러 환경에서 나타나는데, 깊은 바다의 저탁류에 의하여 생성된 저탁암에서 흔히 나타납니다.

점이 층리는 지층의 순서를 결정하는 데 이용됩니다. 점이 층리에서 흔히 퇴적물의 크기가 큰 것이 아래에, 그리고 작은 것이 위에 놓이기 때문에 알갱이가 큰 아래쪽의 지층이 알갱이가 작은 위쪽보다 먼저 생긴 것임을 알 수 있지요.

퇴적물이 수면 밖으로 드러나게 되어 건조해지면 지층 표면이 갈라져서 나타날 수 있습니다. 이러한 구조를 건열이라고 하지요. 건열은 지층이 형성된 환경을 알아내는 데 이용되며, 지층의 순서를 결정하는 데에도 이용됩니다.

한국 남해안에 분포한 지층에서는 흔히 물결 자국과 건열이 함께 관찰됩니다. 지층에서 나타나는 건열은 퇴적물이 수면 위로 드러날 수 있는 호숫가나 바닷가 환경이었음을 알려 주지요. 또한 건열은 단면이 V자 모양을 이루기 때문에 V자 모양의 건열이 나타나는 지층이 그 밑에 있는 지층보다 나중에 생긴 것임을 알 수 있답니다. 퇴적물 위로 빗방울이 떨어지면 빗방울 자국이 지층 표면에 남게 됩니다. 한국 남해안

물결 자국
(경상남도 고성군 계승사)

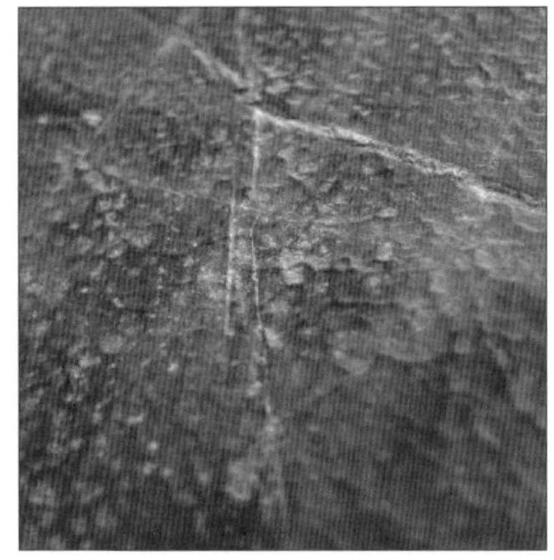

빗방울 자국
(경상남도 고성군 계승사)

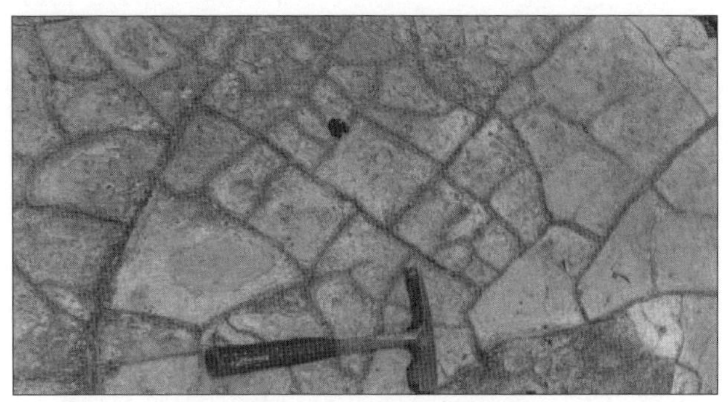

건열(제주도 남제주군 사계리)

에 분포한 지층에서는 빗방울 자국이 흔히 나타납니다.

지층이 쌓일 당시 지구에 살았던 여러 생물들은 화석이 되어 지층 속에 보존되기도 합니다. 한국 남해안의 지층에서는 여러 종류의 공룡 발자국 화석이 많이 나타납니다. 한국의 지층에 나타나는 공룡 발자국 화석은 세계적으로 널리 알려져 있습니다.

공룡 발자국 화석처럼 옛날에 살았던 생물의 활동에 의하여 만들어진 구조를 생물 기원 퇴적 구조라고 합니다. 이러한 예로서는 생물이 기어간 자국이나 구멍을 판 자국, 걸어간 자국 등이 포함되며, 스트로마톨라이트도 이에 해당되지요.

스미스가 설명을 마치자마자 학생들에게 공룡 발자국과 스트로마톨라이트 화석을 보여 주었다.

**공룡 발자국 화석**
(경상남도 고성군 하이면 덕명리)

**스트로마톨라이트 화석**
(경상북도 하양군 은호리)

생물 기원 퇴적 구조는 생흔 화석이라고도 합니다. 생흔 화석을 어떤 책에서는 흔적 화석이라고도 하지만 화석을 연구하는 많은 한국의 학자들은 생흔 화석이라는 말을 더 자주 사용합니다.

이번 수업 시간에는 퇴적물과 퇴적암 그리고 지층의 무늬에 대하여 많은 이야기를 하였는데, 잘 이해했나요?

다음 수업 시간에는 지층이 만들어진 순서, 즉 지층의 형과 동생을 정하는 이야기를 하겠습니다.

| 퇴적물 | 점토 | 모래 | 주로 자갈 |
| --- | --- | --- | --- |
| 퇴적암 | 점토암 | 사암 | 역암 |

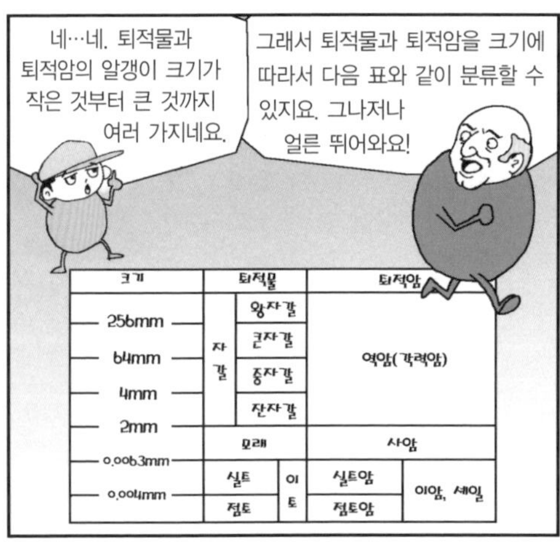


| 크기 | 퇴적물 | | 퇴적암 |
| --- | --- | --- | --- |
| 256mm | 자갈 | 왕자갈 | 역암(각력암) |
| 64mm | | 큰자갈 | |
| 4mm | | 중자갈 | |
| 2mm | | 잔자갈 | |
| | 모래 | | 사암 |
| 0.0063mm | 이토 | 실트 | 실트암 |
| 0.004mm | | 점토 | 점토암 / 이암, 셰일 |

# 지층이 만들어진 순서

퇴적물은 시간이 지남에 따라 점차 두껍게 쌓여 지층을 만듭니다.
지층이 만들어진 순서는 어떻게 알 수 있을까요?
서로 멀리 떨어진 곳에 있는 지층들이 같은 시기에 만들어진 것인지 어떻게 알 수 있을까요?

세 번째 수업

# 지층이 만들어진 순서

스미스가 학생들과 반갑게 인사하며<br>세 번째 수업을 시작했다.

## 지층이 쌓인 순서

안녕하세요? 오늘따라 여러분의 눈빛이 유난히 반짝이네요. 지층에 대해 알면 알수록 궁금증이 많아지는 모양이군요. 좋은 학습 태도입니다.

이번 시간에는 여러분에게 지층의 형과 동생을 결정하는 방법에 대하여 이야기하겠습니다.

__지층에도 형과 동생이 있나요?

사람들도 먼저 태어나면 형이 되는 것처럼 지층도 먼저 만

들어진 것이 형이랍니다. 그렇다면 나이가 많은 형 지층과 나이가 어린 동생 지층을 어떻게 알아낼 수 있을까요?

17세기에 스테노(Nicolaus Steno, 1638~1687)가 제안한 몇 가지 지층의 생성 순서를 정하는 기본 원리와 법칙을 알아봅시다.

첫 번째는 지층 수평성의 원리입니다. 다음 페이지의 사진은 지각 변동을 받아서 지층이 휘어진 모습입니다. 사진의 습곡은 어떻게 만들어졌을까요?

여러분이 짐작하는 것처럼 이렇게 휘어진 지층은 원래 수평으로 쌓인 지층이었지요. 수평으로 쌓였던 지층이 횡압력

수평으로 쌓인 지층이 지각 변동으로 휘어진 습곡

을 받아서 습곡 구조가 만들어진 것입니다. 고무찰흙을 직사각형 모양으로 만들어서 평평하게 다진 후 양쪽에서 천천히 손으로 밀면 고무찰흙이 구부러져 습곡 모양이 생기는 것과 같은 원리이지요.

이렇게 지층이 원래는 수평으로 형성되었다는 내용이 '지층 수평성의 원리'입니다. 너무나도 쉽게 알 수 있는 원리이지요?

두 번째는 지층 연속성의 원리입니다. 다음 페이지의 그림은 지층이 단층으로 어긋나고 화성암의 관입(마그마가 주변의 암석을 뚫고 들어가는 일)으로 끊어진 모습입니다. 이 지층이 처음부터 이렇게 어긋나고 끊어졌을까요?

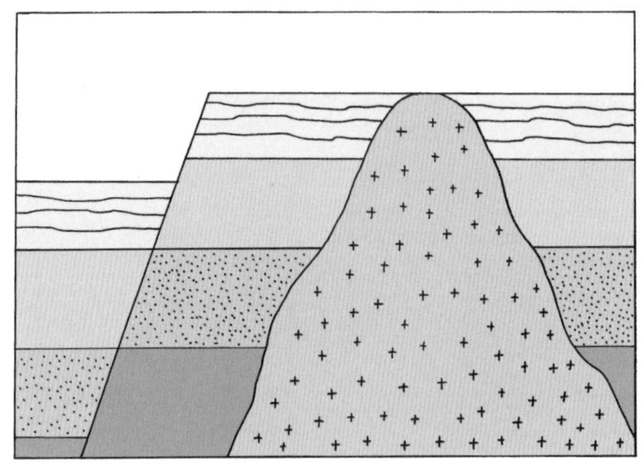

연속된 지층이 단층과 화성암의 관입으로 끊어진 모습

물론 아니지요. 지층은 원래 연속적으로 형성되어 있었을 것입니다. 이후 연속적인 지층이 단층이나 관입 등의 지각 변동을 받아서 어긋나고 끊어지게 된 것이지요.

이렇게 원래 지층이 연속적으로 형성되었다는 내용이 '지층 연속성의 원리'입니다. 어때요? 쉽게 이해할 수 있겠지요?

다음은 지층 누중의 법칙입니다. 말이 조금 어려운가요? 여기에서 '누중'이란 차곡차곡 쌓인 것을 나타내는 한자어입니다. 지층 누중의 법칙은 쉽게 말하여 아래에 쌓인 지층이 나이가 많은 형이고, 위에 쌓인 지층이 나이가 어린 동생이 라는 법칙이지요.

이 법칙을 제안한 스테노는 홍수 때 범람원에 퇴적물이 쌓

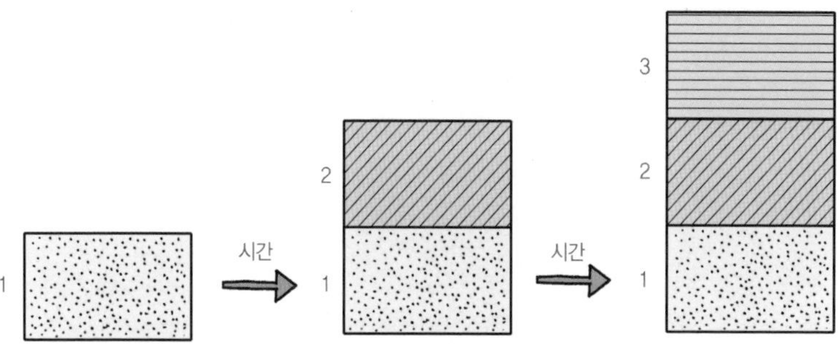



**지층 누중의 법칙** : 시간이 지남에 따라서 1, 2, 3의 순서로
퇴적물이 쌓여서 지층이 형성되었음을 알 수 있다.

이고 다음 홍수 때 그 위에 새로운 퇴적물이 쌓이는 것을 관찰하였지요. 이처럼 차례대로 퇴적물이 굳어져 퇴적암이 형성되면 아래에 쌓인 지층일수록 나이가 많고 위에 쌓인 지층일수록 나이가 적게 됩니다.

이러한 내용을 '지층 누중의 법칙'이라고 하지요. 지층 누중의 법칙은 지층의 상대적인 나이를 결정하는 근거가 되는 매우 중요한 법칙입니다.

다음 페이지의 그림은 어느 지역에서 관찰한 지층의 모습입니다. 이 지층은 지각 변동을 받아서 심하게 휘어져 있습니다. 이 지층들을 나이가 많은 것부터 나이가 어린 것까지 순서를 어떻게 알 수 있을까요?

우리는 앞에서 물결 자국, 점이 층리 및 건열에 대하여 공

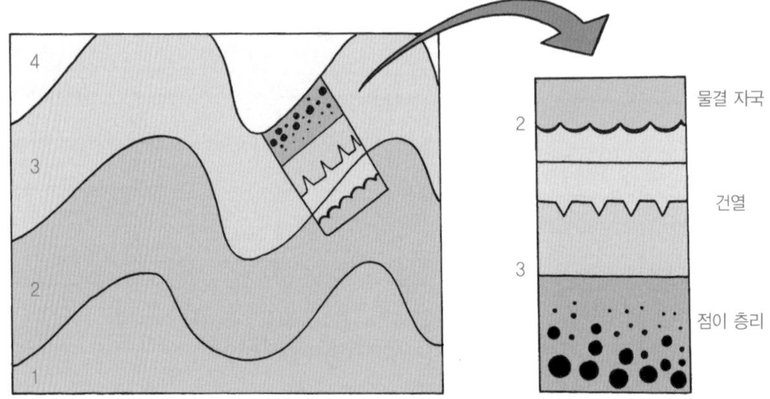


지각 변동을 받아 휘어진 지층

부하였습니다. 지층에 이들이 포함되어 있기 때문에 이들을 이용하면 위 그림에서 2번 지층과 3번 지층이 뒤집혀 있다는 것을 알 수 있지요.

따라서 3번 지층이 먼저 쌓인 형 지층이고 2번 지층이 나중에 쌓인 동생 지층임을 알 수 있습니다. 정리해 보면 4번 지층이 가장 나이가 많은 첫째 형이고, 3번 지층이 그 다음으로 나이가 많은 둘째 형이며, 2번 지층이 셋째 형임을 알 수 있지요. 그리고 1번 지층이 가장 어린 막내라는 것을 알 수 있습니다.

이런 방법으로 우리는 형과 동생의 지층 순서를 알 수 있고, 원래 평탄하였던 지층이 지각 변동을 받아서 심하게 휘어지고 뒤집어진 것을 알 수 있습니다.

퇴적물이 차곡차곡 쌓여 이루어진 지층 속으로 마그마(지각을 이루는 물질이 땅속 깊은 곳의 뜨거운 열에 의해 녹아 있는 것)가 뚫고 들어가서 생긴 화성암 관입이나 지층이 끊어지는 단층이 발생했을 때, 지층의 형과 동생을 결정하는 데 이용할 수 있는 법칙도 있어요.

바로 절단 관계의 법칙입니다. 이것은 허턴(James Hutton, 1726~1797)이라는 영국의 지질학자가 주장한 법칙입니다. 허턴은 동일 과정설을 제안하여 현대 지질학의 창시자로 추앙을 받는 인물이에요.

절단 관계의 법칙은 절단된 암석보다 절단한 암석의 나이가 어리다는 내용입니다. 즉, 화성암의 관입이나 단층이 있으면 화성암이나 단층이 지층보다 나중에 생긴 것이므로 나이가 어리다는 것입니다. 이처럼 암석은 화성암의 관입이나 단층, 부정합 등에 의하여 절단될 수 있습니다.

＿선생님, 그런데 부정합과 단층이 무엇인가요?

부정합이란 지표에 드러난 암석이 침식 작용을 받고 땅속으로 가라앉게 되면 이 암석 위에 새로운 지층이 쌓이게 되는데, 이때 침강된 암석과 그 위에 쌓인 지층 사이에 긴 시간 간격이 있는 경우를 말합니다. 부정합은 대체로 지층들 사이의

**허턴(James Hutton, 1726-1797)**

에든버러 출신의 스코틀랜드 사람으로 법률을 공부하였지만, 1749년에 레이든에서 의학 박사 학위를 취득하였다. 허턴은 날카로운 관찰력과 풍부한 상상력, 철학적인 사고를 토대로 《지구의 이론》이라는 책을 완성시켜 출간했다.

허턴의 《지구의 이론》은 오랫동안 받아들여졌던 지질학적 이론인 격변론을 뿌리째 뒤흔드는 것이어서 적잖은 충격을 주었다. 1788년에 발표한 《지구의 이론》에서 그는 "현재는 과거의 열쇠이다."라고 주장하면서 현재 일어나는 변화로 과거의 지질학적 역사를 알 수 있다고 하였다. 즉, 그는 지질학적 변화가 현재와 과거가 같은 방식으로 일어난다는 동일 과정설을 주장하였다. 이 설에 따르면 미세한 지구의 지질학적 변화들이 오랜 시간 동안 모여서 커다란 변화를 일으켰다는 것을 추측할 수 있다.

후세의 지질학자들은 허턴의 동일 과정설을 지질학의 기본적인 원리로 받아들여 허턴을 현대 지질학의 기초를 마련한 위대한 선구자로 인정하고 있다.

시간 간격이 백만 년 이상입니다.

부정합에는 난정합, 경사 부정합, 평행 부정합 및 비정합의 4종류가 있습니다. 이들의 공통점은 부정합면 위에 놓인 암석이 모두 퇴적암이라는 것입니다.

먼저 난정합은 부정합면 아래에 층리가 없는 화성암이나 변성암이 있는 구조를 말합니다. 그리고 경사 부정합은 아래

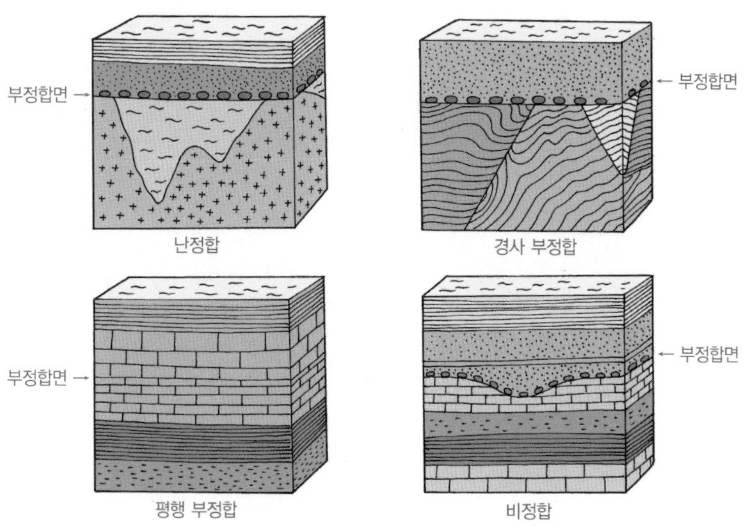



부정합의 종류

지층이 압력을 받아 습곡이 된 뒤, 윗부분이 침식되고 다시 그 위에 퇴적물이 쌓여 만들어져서 위와 아래의 지층이 서로 평행하지 않습니다. 이와 반대로 평행 부정합은 위와 아래의 지층이 서로 평행한 부정합을 말합니다. 그러다 보니 평행 부정합은 인식하기 어려울 수 있는데, 평행 부정합의 존재는 흔히 인접한 위와 아래의 지층에서 시대가 다른 화석들이 알려짐으로써 발견됩니다. 비정합은 침식면을 부정합면으로 하는 평행 부정합입니다.

지구과학의 선구자 중 한 사람인 허턴은 지금부터 2백여 년 전인 1788년 영국 스코틀랜드에서 다음 페이지의 사진과

스코틀랜드 버윅셔(Berwickshire)의 시카 포인트(Siccar Point) : 오른쪽의 거의 수직인 지층은 실루리아기의 사암이며, 이를 경사 부정합으로 덮고 있는 왼쪽의 경사진 지층은 데본기의 사암이다. 허턴은 1788년에 이곳에서 부정합의 중요성을 최초로 인식하였다.

같은 경사 부정합을 관찰하고 부정합의 중요성을 강조한 바 있습니다.

이젠 단층에 대하여 알아봅시다. 단층은 끊어진 지층이라는 뜻이지만, 이보다는 지층을 포함한 암석 덩어리가 상대적으로 이동하여 어긋난 상태를 나타내지요. 여기에서 두 암석 덩어리가 어긋나 있는 면을 단층면이라고 합니다. 또한 단층면 위에 있는 암석 덩어리를 상반, 단층면 아래에 놓인 암석 덩어리를 하반이라고 하지요.

단층에는 정단층과 역단층 등이 있습니다. 정단층은 상반

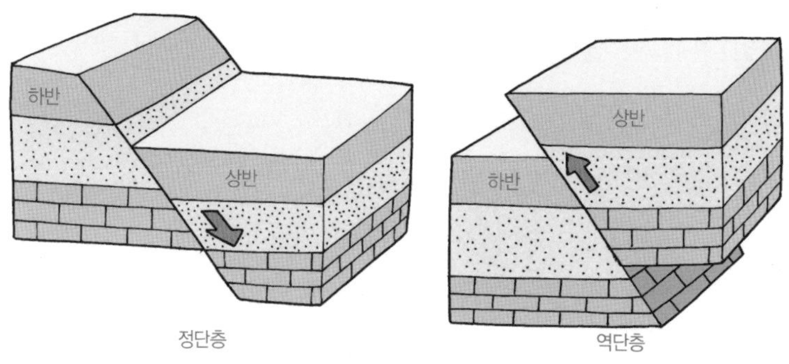



정단층(왼쪽)과 역단층(오른쪽)

이 아래쪽으로 내려가고 하반이 위쪽으로 올라간 단층입니
다. 역단층은 이와 반대로 상반이 위쪽으로 올라가고 하반이
아래쪽으로 내려간 단층이지요.

아래 그림은 어느 지역에서 관찰한 지질 단면도를 나타낸

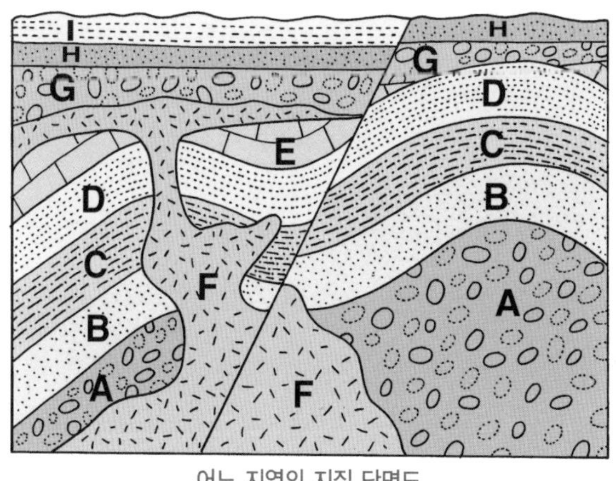



어느 지역의 지질 단면도

것입니다. 이 단면도에는 화성암, 퇴적암, 관입, 단층이 나타나 있지요. 앞에서 공부한 여러 가지 법칙을 이용하여 암석과 지층의 형성 순서를 알아봅시다. 그림에서 A~E, G~I는 퇴적암이고, F는 화성암이며 단층으로 이들 암석이 끊어져 어긋나 있습니다.

앞의 그림에서 가장 나이가 많은 지층은 어느 것일까요?

또 가장 나이가 어린 지층은 어느 것일까요?

이 지역의 지질 역사를 순서대로 이야기해 봅시다.

__그림이 복잡해서 잘 모르겠어요.

그림이 조금 복잡하기는 하지요. 그러나 앞에서 공부한 것을 적용하면 쉽게 답을 알 수 있답니다. 우선 지층 A, B, C, D, E는 순서대로 수평으로 쌓인 후 지각 변동으로 습곡 작용을 받았습니다.

__그럼 암석 F는요?

화성암 F는 이미 쌓인 지층 A, B, C, D, E를 뚫고 나왔지요. 그 다음에 지층 G, H, I가 그 위에 차례대로 쌓인 것을 알 수 있습니다. 마지막에 모든 암석이 단층 작용으로 어긋나게 되었지요.

__아~, 그런 거였군요. 선생님 설명을 들으니 쉽게 이해가 되네요.

지층의 대비란 멀리 떨어져 있는 두 지층이 같은 시기에 형성되었는지를 비교하여 대응시키는 것을 말하지요. 쉽게 말해 한국의 어느 지층을 나이나 특징으로 미국의 어느 지층과 대응시키는 것이라고 할 수 있지요. 지층의 대비에는 암석에 의한 대비, 화석에 의한 대비 등이 있습니다.

우선 암석에 의한 지층의 대비에 대하여 이야기해 볼까요?

다음 그림과 같이 떨어져 있는 어느 네 지역에서 닮은 지층이 관찰되었다고 합시다. 네 곳의 지층이 대비되는지 어떻게

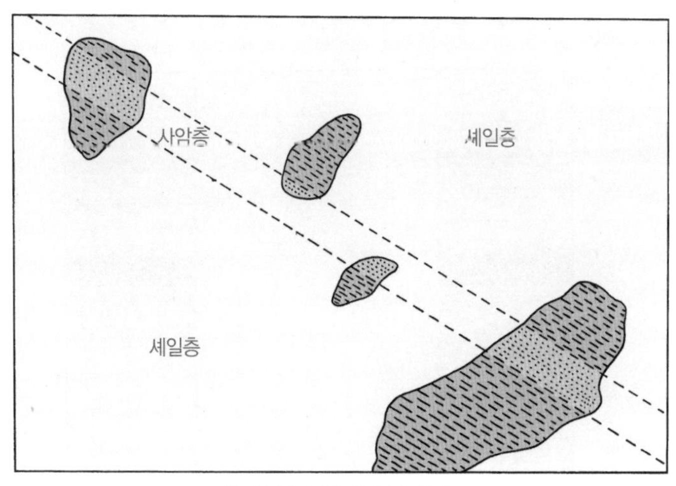


연속성에 의한 지층의 대비

알 수 있을까요? 가장 쉬운 방법은 한 곳의 지층을 옆으로 계속 따라가 다른 세 곳의 지층과 이어졌는지를 확인하는 거예요. 그러면 네 지층이 대비된다는 것을 알 수 있겠지요?

그러나 지층이 반드시 지표에 노출되어 있진 않으므로 이런 방법으로 지층의 대비를 할 수 없는 경우도 있어요. 일반적으로 지층은 흙과 식물로 덮여 있거나 때로는 강과 호수 등을 이루기 때문에 지층이 연속되는 것을 알기 힘듭니다.

대부분 암석에 의한 지층의 대비는 지층을 이루는 암석의 조직, 성분 및 구조 등의 특징과 지층이 쌓인 순서를 근거로 이루어집니다. 어느 두 지역에서 관찰한 지층의 순서가 아래 그림과 같다고 할 때, 암석에 의한 지층을 비교하여 볼까요?

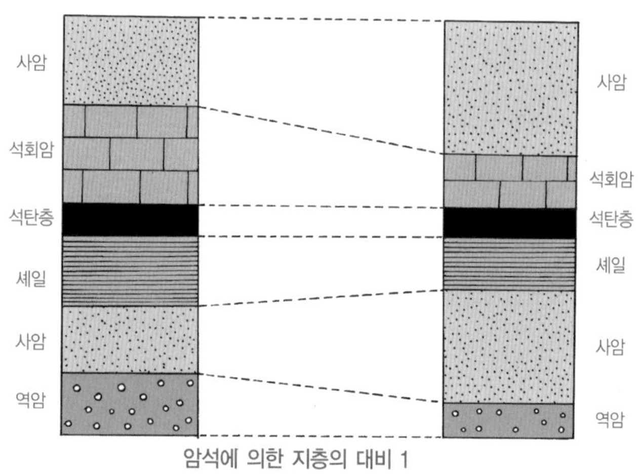


암석에 의한 지층의 대비 1

두 지역의 지층을 비교해 보면 각각의 지층의 두께는 다르지만 지층이 쌓인 순서는 같음을 알 수 있지요? 이런 경우 암석이 같은 지층끼리 선으로 연결하여 두 지역의 지층을 대비할 수 있습니다.

앞의 그림에서 사암으로 이루어진 지층이 반복되어 나타난 것처럼 같은 종류의 암석으로 된 지층은 반복되어 나타날 수 있습니다. 따라서 같은 종류의 암석으로 된 지층을 대응시키는 것은 때로는 명확하지 않을 수 있습니다. 이런 경우 특징적으로 나타나는 지층이 두 지역의 지층을 대비하는 기준이 될 수 있습니다. 앞의 그림에서 석탄층이 이러한 예가 될 수 있는데, 이러한 지층을 '열쇠층' 이라고 합니다.

열쇠층은 넓은 지역에서 동시에 형성될 수 있는 지층이어야 하며, 화산재가 쌓인 응회암이나 석탄층 등이 지층을 대비하는 열쇠층이 될 수 있습니다.

다음 페이지 그림의 어느 두 지역에 나타난 지층을 대비하여 봅시다. 그림의 왼쪽 지층은 아래부터 석회암, 셰일, 사암으로 이루어져 있고 오른쪽 지층은 석회암, 역암, 사암의 순서로 쌓여 있지요. 두 지역의 석회암층과 사암층에는 표준 화석이 존재해요. 따라서 왼쪽의 셰일층과 오른쪽의 역암층이 거의 같은 시기에 생성된 것임을 알 수 있습니다.

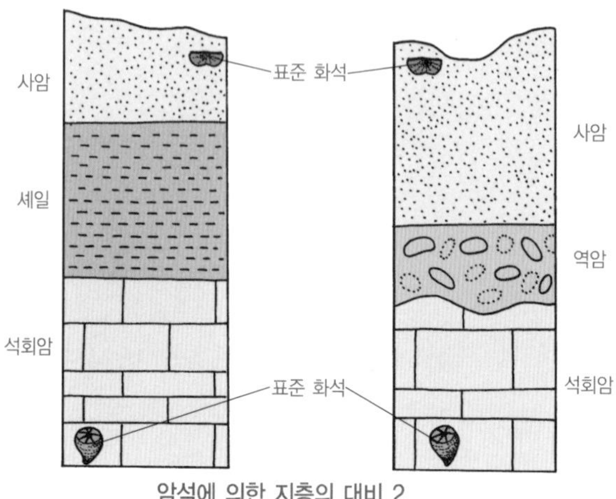


**암석에 의한 지층의 대비 2**

앞에서 이야기한 바와 같이 같은 암석으로 된 지층이 반복해서 나타날 수 있으며, 어느 같은 시기에 한 곳에서는 점토가 쌓이고 다른 곳에서는 자갈이 쌓일 수 있습니다. 이러한 내용은 암석에 의한 지층의 대비가 두 지층의 동시성을 나타낸 것이 아닐 수도 있음을 뜻하지요.

다음은 화석에 의한 지층의 대비에 대하여 이야기하겠습니다.

생물은 시간에 따라 변합니다. 내가 2백여 년 전 발표한 바와 같이 시간을 달리하는 각 지층에서는 독특한 화석이 나타나며, 같은 화석이 반복하여 나타나지는 않습니다. 따라서 화석에 의한 지층의 대비는 동시에 형성된 것임을 나타냅니다.

다음 그림은 어느 네 지역의 지층과 각 지층에 포함된 화석

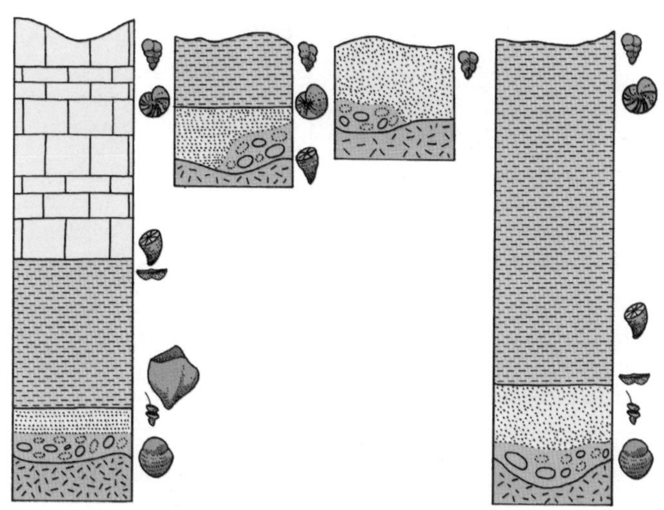

화석에 의한 지층의 대비

을 나타낸 것입니다. 네 지역의 지층을 화석에 의하여 대비하여 보기 바랍니다.

위 그림에서 같은 종류의 화석이 나오는 지층끼리 연결하면 쉽게 지층을 대비할 수 있습니다. 만약에 위 그림의 지층에서 화석이 나오지 않았다면 암석에 의한 지층의 대비만을 할 수 있겠지요? 그 결과는 화석에 의한 지층의 대비와는 크게 다를 수 있습니다.

이번 시간에는 지층의 순서를 정하는 방법과 지층의 대비에 대하여 이야기하였습니다. 다음 시간에는 수십억 년의 기나긴 지구의 역사에 대하여 간단히 이야기하도록 하겠습니다.

만화로 본문 읽기

땅땅! 지금부터 여러분이 지층을 형성하기 위해 어떤 법칙을 따라야 하는지 알려 주겠습니다.
선생님, 지층을 형성하는 데에도 법칙이 있나요?
지층 세계의 법정

네, 첫째는 '지층 수평성의 원리'예요. 양쪽에서 힘을 받은 고무찰흙이 구부러져 습곡 모양이 됐죠? 하지만 이 고무찰흙은 원래 평평한 모양이었어요. 마찬가지로 휘어진 지층은 원래 수평으로 쌓인 지층이었다는 내용이지요.

둘째는 '지층 연속성의 원리'로 지층은 원래 연속적으로 형성되는데, 이후에 단층이나 관입 등의 지각 변동을 받아서 어긋나고 끊어지게 된다는 내용이에요.
네.

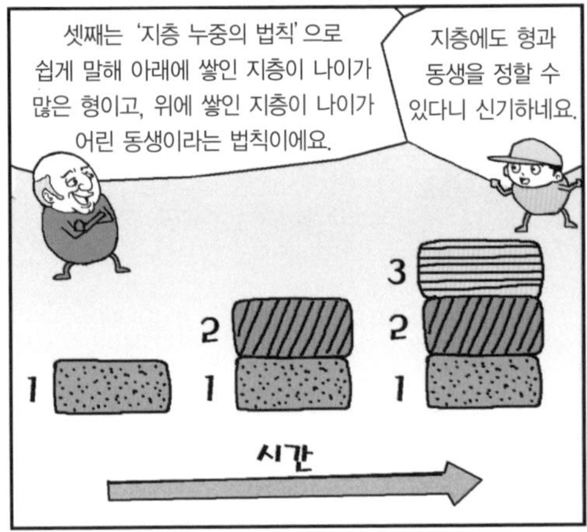
셋째는 '지층 누중의 법칙'으로 쉽게 말해 아래에 쌓인 지층이 나이가 많은 형이고, 위에 쌓인 지층이 나이가 어린 동생이라는 법칙이에요.
지층에도 형과 동생을 정할 수 있다니 신기하네요.
3
2
2
1
1
1
2
1
시간

이 법칙은 스테노라는 과학자가 제안한 것으로, 이를 통해 지층이 만들어진 순서를 알 수 있어요.
그렇군요.
내가 바로 지층의 생성 순서를 정하는 법칙을 제안한 스테노입니다.

그쪽은 왜 이렇게 소란스러운가요? 조용히 하세요! 안 되겠어요. 이리 나와서 제일 아래층에 깔리도록 하세요!!
안 돼요. 잘못했어요. 엉엉~
지층 세

# 4

# 지질 시대란 무엇인가?

지구가 태어난 후부터 시작된 지구의 역사를 지질 시대라고 합니다.
약 46억 년의 기나긴 지질 시대를 어떻게 구분할까요?

네 번째 수업
지질 시대란
무엇인가?

스미스가 지질 시대에 대해 질문하며
네 번째 수업을 시작했다.

이번 시간에는 지질 시대가 무엇인지에 대하여 이야기하겠습니다. 석기 시대, 청동기 시대, 철기 시대라는 말을 들어 보았나요?

__예, 선생님. 석기 시대, 청동기 시대 및 철기 시대는 옛날 우리 조상들이 도구로 사용하였던 물질을 근거로 구분한 시대입니다.

잘 알고 있군요. 또한 한국의 역사는 선사 시대, 삼국 시대, 고려 시대 등으로 구분한다고 배웠지요?

__예, 선생님. 한국의 역사를 공부할 때 많이 들어서 잘 알

고 있어요.

　우리 조상들이 살았던 시대 중 문자로 된 기록이 없던 시대를 선사 시대라고 합니다. 또한 문자로 기록이 남겨진 시대를 역사 시대라고 하지요. 선사 시대에는 석기 시대가 해당되고, 역사 시대에는 청동기 시대, 철기 시대, 삼국 시대, 고려 시대 등이 포함됩니다.

　이러한 인류의 역사에 해당되는 시대는 유물과 유적 및 문자로 기록된 자료를 이용하여 연구하며, 그 시기는 인류 조상이 이 땅에 태어난 지금부터 약 7백만 년 전에 시작되어 지금까지 계속되고 있습니다.

　이렇게 인류의 역사처럼 지질에도 역사가 있습니다. 지구가 태양계의 한 행성으로 태어난 시기는 지금부터 약 46억 년 전입니다. 이때부터 시작된 지구의 역사에 해당하는 시기를 지질 시대라고 합니다. 지질 시대의 전체 길이는 우리 조상들이 살았던 인류 시대 길이의 약 6백억 배나 되는 긴 시대이지요.

　이렇게 기나긴 지질 시대를 어떻게 조사하여 알아낼까요? 인류 역사는 유물과 유적 또는 문자 기록을 조사하여 알아낼 수 있으나, 지질 시대에는 인류가 남긴 자료가 없는데 무엇을 보고 알 수 있을까요? 지질 시대의 기록은 바로 지층에 있습니다. 과학자들은 지층에 포함된 화석을 조사·연구하여 지질 시대를 구분하고 지구의 역사를 알아냅니다.

＿선생님, 그러니까 지층은 지구의 나이테라는 것이지요?

예, 훌륭한 비유예요. 그럼 지구의 나이테인 지층에는 어떤 내용이 들어 있을까요?

스미스가 학생들에게 여러 가지 화석 표본을 보여 주었다.

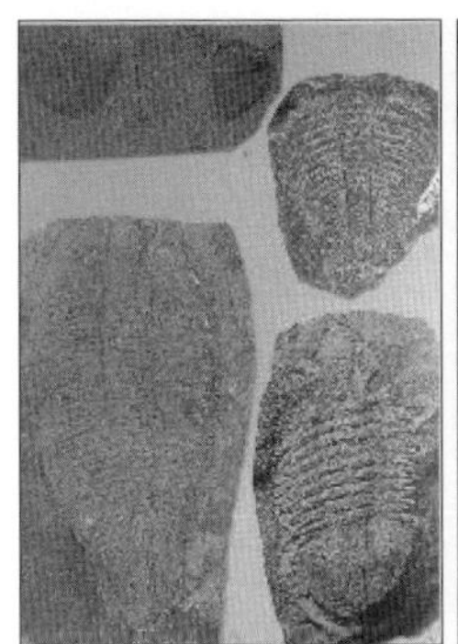
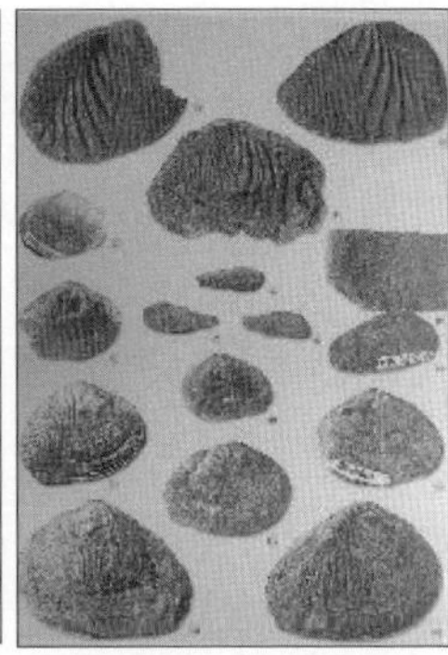
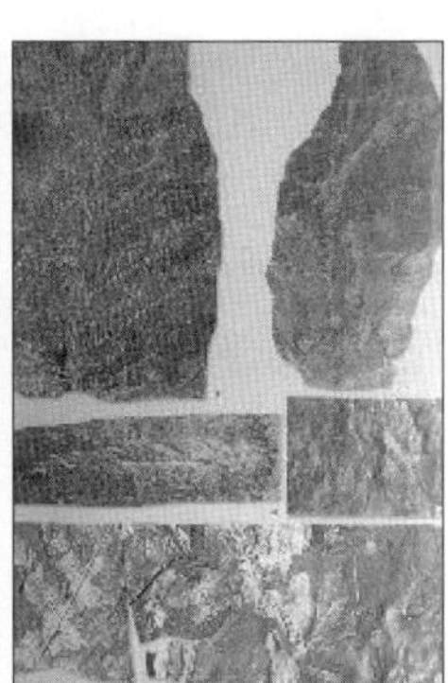

조개, 식물 등 화석 모음

암모나이트 화석

공룡 발자국 화석

지층에는 여러 가지 화석을 포함하고 있습니다. 화석이란 무엇일까요?

＿공룡 화석이나 암모나이트 화석, 식물 화석처럼 옛날 동식물의 몸체나 흔적이 남은 것이 화석입니다.

네, 맞습니다. 정확히 이야기하자면, 화석은 지질 시대에 살았던 생물의 유해나 활동 흔적이 지층에 남아 있는 것을 말합니다. 공룡의 뼈, 암모나이트, 삼엽충 등은 물론이고 공룡이 걸어간 발자국이나 배설물 등도 화석에 속합니다.

＿선생님, 배설물 화석은 냄새가 나겠네요?

아닙니다. 배설물 화석은 만들어진 지 수천만 년 또는 수억 년이 지났기 때문에 냄새가 나지 않아요.

나는 측량과 토목 기사로 일하면서 오랫동안 영국의 여러 지역에 분포한 지층을 관찰하였습니다. 관찰 결과 지질 시대가 다른 지층마다 독특한 화석이 포함되어 있어서 화석의 내용에 따라서 시대가 다른 지층을 구분할 수 있다는 사실을 처음으로 알아내었습니다.

이렇게 내가 지층에 대해 알아낸 내용은 내 나이 32세 때인 1801년 논문으로 발표되었으며, 사람들은 이 사실을 '동물군 천이의 법칙'이라고 부릅니다. 내가 발표한 '동물군 천이의 법칙'에 근거하여 사람들은 화석을 통하여 지질 시대를 구분할 수 있게 되었고, 멀리 떨어진 지층의 나이를 비교할 수 있게 된 것입니다. 사람들이 왜 나를 '지층 스미스'라고 부르는지 이제 그 이유를 알겠지요?

지질 시대는 시생대, 원생대, 고생대, 중생대 및 신생대로 구분합니다. 그런데 각 지질 시대의 이름에 '생'이라는 말이 공통적으로 들어가 있음을 주목해야 합니다. '생'이라는 것은 생물이라는 뜻이지요. 따라서 지질 시대는 당시에 살았던 생물, 즉 화석의 내용에 따라서 구분되어 있습니다.

시생대는 생물이 시작되는 시대를, 원생대는 원시적인 생물의 시대를, 고생대는 오래된 생물의 시대를, 그리고 신생대는 새로운 생물의 시대를 의미하지요. 물론 중생대는 고생대의 오래된 생물과 신생대의 새로운 생물의 중간에 해당하는 시대를 나타냅니다.

각각의 지실 시대는 더 작은 시기로 나누어집니다. 고생대는 캄브리아기, 오르도비스기, 실루리아기, 데본기, 석탄기, 페름기의 6개의 '기'로 나누어집니다. 중생대는 트라이아스기, 쥐라기 및 백악기의 3개의 기로, 신생대는 제3기와 제4기로 나누어지지요. 이러한 구분의 근거가 화석의 내용이라는 것은 다시 말할 필요가 없지요. 가끔 책에 지각 변동이 지질 시대를 구분하는 데 많이 이용된다고 쓰여 있는 것을 볼 수

지질 연대표

| 지질 시대 (절대 길이) | | 대 | 기 | 세 | 단위 (백만 년) |
|---|---|---|---|---|---|
| 신생대 | | 신생대 | 제4기 | 현세 | |
| | | | | 플라이스토세 | 1.8 |
| 중생대 | | | 제3기 | 플라이오세 | |
| | | | | 마이오세 | |
| | | | | 올리고세 | |
| 고생대 | | | | 에오세 | |
| | | | | 팔레오세 | |
| | | 중생대 | 백악기 | | 66 |
| | 원생대 | | 쥐라기 | | 146 |
| | | | 트라이아스기 | | 200 |
| | | 고생대 | 페름기 | | 251 |
| | | | 석탄기 펜실베이니아기 | | 299 |
| | | | 석탄기 미시시피기 | | 318 |
| 선캄브리아대 | | | 데본기 | | 359 |
| | | | 실루리아기 | | 416 |
| | | | 오르도비스기 | | 444 |
| | 시생대 | | 캄브리아기 | | 488 |
| | | 원생대 | | | 542 |
| | | | | | 2500 |
| | | 시생대 | | | 4600 |

있습니다. 지각 변동이 생물의 변화에 영향을 줄 수는 있으나 지각 변동으로 지질 시대를 구분하지는 않지요.

그러면 여러 지질 시대 이름은 누가 언제 어디에서 만든 것일까요? 지질 시대 중 '기'의 이름은 약 250년 전부터 주로 유럽 지역의 지층에서 유래된 것이지요. 예를 들면 신생대의 제3기라는 용어는 아르디노(Arduino)가 1760년 이탈리아 북부 지역에 분포한 지층에서 나타나는 화석을 근거로 이름을 붙이게 된 것입니다.

이렇게 지질 시대를 결정하는 데 이용되는 화석을 표준 화

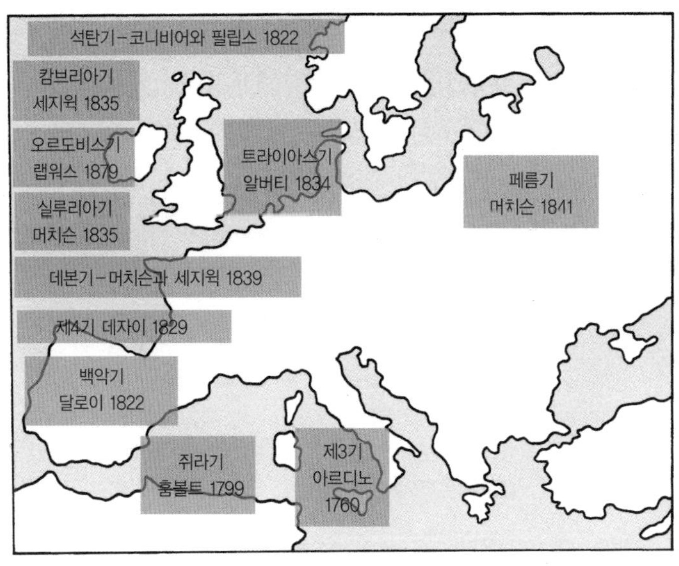


지질 시대 이름이 붙여진 장소와 붙인 사람

석이라고 하지요. 고생대의 삼엽충, 중생대의 암모나이트 그리고 신생대의 화폐석은 중요한 표준 화석의 예가 됩니다.

스미스가 학생들에게 화석 표본 중 삼엽충, 암모나이트 및 화폐석 화석을 보여 주었다.

삼엽충 화석

암모나이트 화석

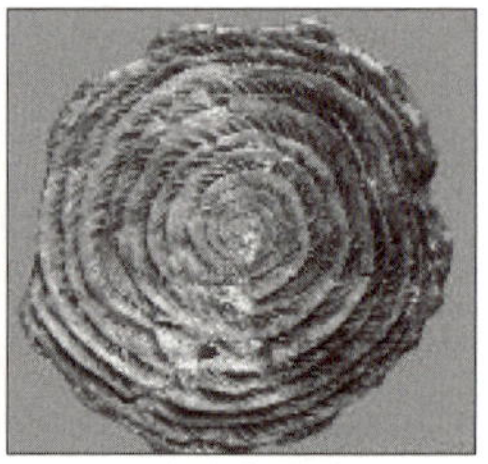
화폐석 화석

### 과학자의 비밀노트

**표준 화석과 시상화석**

표준 화석은 전 세계적으로 나타나며 비교적 짧은 기간 동안 살았던 동식물 화석이다. 반면에 시상화석은 특정 환경에 분포하여 긴 세월 동안 살았던 동식물의 화석으로, 당시의 환경과 기후 등을 알려 준다. 표준 화석은 일정한 시기에 번성했던 동식물 화석이기에 이를 포함한 지층의 시대를 알 수 있다.

화석을 통하여 지질 시대를 시생대, 원생대, 고생대, 중생대 및 신생대로 구분할 수 있겠지요? 그러면 각각의 지질 시대가 몇억 년 전 언제 시작되었는지는 어떻게 알 수 있을까요?

많은 사람들이 오랫동안 이 문제를 해결하려고 노력하였습니다. 그러나 20세기 초에 들어서야 방사성 동위 원소의 존재를 알게 됨으로써 비로소 문제를 해결할 수 있게 되었습니다.

초에 불을 붙이면 시간에 비례하여 타 들어갑니다. 만일 초의 길이가 10cm이고 한 시간에 5cm씩 탄다고 하면 두 시간

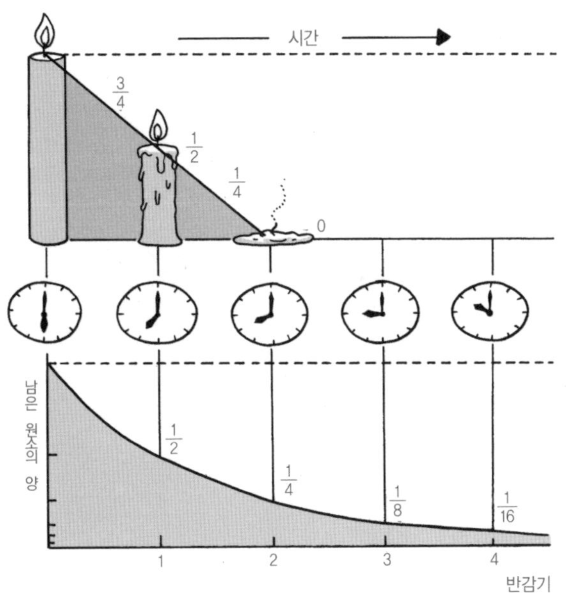


시간에 따른 촛불과 방사성 동위 원소의 변화

이면 다 타고 말 겁니다.

그러나 우라늄과 같은 방사성 동위 원소는 일정한 시간이 지나면 환경의 변화에 관계없이 그 양이 반으로 줄어들게 됩니다. 그러나 방사성 동위 원소는 촛불처럼 시간이 지남에 따라서 사라지지 않고 계속 남아 있게 되지요. 이러한 변화를 방사성 동위 원소의 붕괴라고 합니다. 양이 반으로 줄어드는 데 걸리는 시간을 반감기라고 하며, 원소마다 다르지요.

예를 들어 칼륨은 반감기가 13억 년이며, 13억 년이 지나면 칼륨의 양은 반으로 줄고, 반은 아르곤으로 변합니다. 즉, 칼륨과 아르곤의 비가 1 : 1이 되지요. 또다시 반감기가 지나 26억 년이 되면 칼륨의 양은 처음의 $\frac{1}{4}$이 되고, 칼륨과 아르곤의 비는 1 : 3가 되겠지요. 또다시 반감기가 지나면 어떻게 될까요? 즉 39억 년이 되면 칼륨의 양은 $\frac{1}{4}$의 반인 $\frac{1}{8}$이 되고, 칼륨과 아르곤의 비는 1 : 7이 될 것입니다.

다음 그림은 어느 지역의 지질 단면도입니다. 그림에서 (가)는 암모나이트 화석이 포함된 퇴적암이고, (나)는 변성암, (다)와 (라)는 화성암입니다. 반감기가 1억 년인 어느 방사성 동위 원소의 양이 (다)는 $\frac{1}{2}$, (라)는 $\frac{1}{4}$로 줄었다고 가정하지요. 먼저 지층의 형성 순서를 이야기해 볼까요?

앞에서 이미 공부하였으니 순서가 (나) → (라) → (가) →

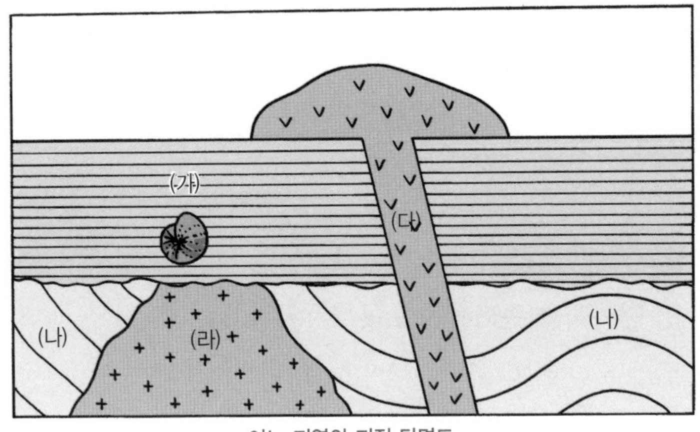



어느 지역의 지질 단면도

(다)라는 것을 쉽게 알 수 있을 것입니다.

화성암 (다)와 (라)의 나이는 얼마일까요? 반감기와 방사성 동위 원소의 남은 양으로 미루어 보아 (다)의 나이는 1억 년이고, (라)의 나이는 2억 년임을 알 수 있지요.

그러면 암모나이트 화석이 포함된 지층 (가)의 나이는 얼마일까요? 우선 암모나이트 화석으로 보아 이 지층은 중생대에 생긴 것임을 알 수 있습니다. 또한 지층 (가)는 1억 년 전에 생긴 화성암 (다)보다 먼저 만들어졌고, 2억 년 전에 생긴 화성암 (라)보다는 나중에 만들어졌으니 지층 (가)의 형성 시기는 2억 년 전과 1억 년 전 사이에 해당한다는 것을 알 수 있습니다.

이러한 방법을 통하여 여러 지질 시대가 언제 시작되었는

지 그리고 당시의 생물들이 얼마나 오랫동안 지구 상에 살았는지 등을 알 수 있습니다.

앞에 나온 지질 연대표를 보면 삼엽충이 살았던 고생대는 지금부터 약 5억 4천만 년 전에 시작되었고, 암모나이트와 공룡이 살았던 중생대는 약 2억 5천만 년 전부터 약 6천5백만 년 전까지 계속되었음을 알 수 있습니다.

우리는 현재 지구의 나이가 약 46억 년이라고 알고 있습니다. 물론 이는 방사성 동위 원소를 이용함으로써 알게 된 것이지요. 그러나 방사성 동위 원소가 무엇인지 알지 못하였을 때에도 과학자들은 지구의 나이를 여러 가지 방법으로 추정하였습니다.

지금으로부터 수천 년 전 자연에 관심을 갖던 철학자들은 아무런 과학적 근거를 제시하지 못한 채 지구의 나이가 그저 수천 년 또는 수만 년 정도 되었을 것으로 생각하였지요. 어떤 학자들은 지층의 두께를 매년 쌓이는 퇴적물의 두께로 나누어 지구의 나이를 짐작하기도 하였답니다. 어떤 사람들은 바다의 염분을 매년 강에서 바다로 흘러들어 가는 염분의 양으로 나누어 지구의 나이를 추정하기도 하였지요.

그러나 이러한 방법들은 과학적으로 오류가 많기 때문에 오늘날과는 매우 다른 값을 보였습니다. 지금부터 약 2백 년 전까지만 해도 대부분의 사람들은 지구의 나이가 약 6천 년 정도로 생각하였습니다. 만일 방사성 동위 원소를 이용한 연구 방법을 몰랐다면 우리는 지금도 지구의 나이를 옛날처럼 잘못 알고 있었을 겁니다.

인류가 지구 상에 출현한 시기는 약 7백만 년 전이라고 합니다. 그렇다면 지질 시대 전체 기간을 1년이라고 할 때 인류가 나타난 시기는 언제쯤 될까요? 거기 손을 든 학생, 이야기해 보세요.

＿365일 곱하기 46억 분의 700만을 하면 됩니다.

예, 맞았어요. 그렇게 계산하면 다음과 같이 나오지요.

$$365 \times \frac{700만}{46억} = 0.555434\cdots$$

이번 수업 시간에는 약 46억 년의 기나긴 지구의 역사에 해당하는 지질 시대에 대하여 알아보았습니다. 다음 시간에는 야외로 지질 탐사 여행을 떠나 보도록 하겠습니다.

지질 박물관
아악! 안 돼!
여기까지 와서도 꾸벅꾸벅 조니까 악몽을 꾸지요. 정신 차려요.

꾸…꿈이라고요? 다행이다. 저와 선생님이 퇴적물이 되어 가장 밑에 깔릴 뻔했거든요.
하하. 꿈속에서 퇴적물과 퇴적암, 지층의 형성에 대해 호되게 공부했군요. 그렇다면 이젠 지질 시대에 대해 알아봅시다.

지구가 태양계의 한 행성으로 태어난 시기는 지금부터 약 46억 년 전으로 이때부터 시작된 지구의 역사에 해당하는 시기를 지질 시대라고 해요.
인류의 역사처럼 지질에도 역사가 있군요. 인류 역사는 유물, 유적, 문자 기록 등으로 알아낼 수 있는데 지질 시대는 무엇을 가지고 알아낼 수 있나요?
인류 역사
지질 시대
유물
유적
문자 기록
?

지층을 가지고 지질 시대를 알아낼 수 있어요. 지층에 포함된 화석을 조사하고 연구해서 지질 시대를 구분하고 지구의 역사를 알아내는 것이지요.
지층은 지구의 나이테로군요. 화석에 대해서 자세히 알려 주세요.

지질 시대에 살았던 생물의 유해나 활동 흔적이 지층에 남아 있는 것이 화석이지요. 공룡의 뼈, 암모나이트, 삼엽충 등의 화석이 있어요.
아, 그럼 화석을 가지고 지질 시대를 구분할 수 있겠네요?

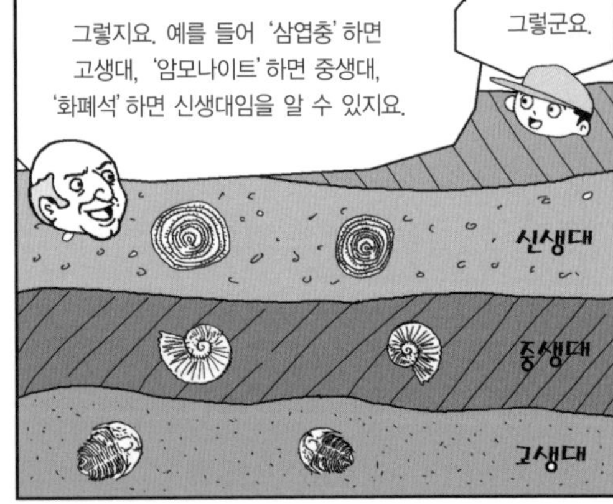
그렇지요. 예를 들어 '삼엽충' 하면 고생대, '암모나이트' 하면 중생대, '화폐석' 하면 신생대임을 알 수 있지요.
그렇군요.
신생대
중생대
고생대

# 지질 조사와 지층 탐사 여행

지층은 야외에서 관찰할 수 있습니다. 지층을 어떻게 조사할까요?
준비물과 주의 사항에는 무엇이 있을까요?
한국의 지층 탐사 여행 장소로 어디가 좋을까요?

5
다섯 번째 수업
지질 조사와
지층 탐사 여행

스미스가 밝은 표정으로
다섯 번째 수업을 시작했다.

## 지질 조사

  오늘 수업은 지질 조사와 시층 남사 여행에 관한 내용입니다. 나는 영국에서 측량과 토목 기사로서 오랫동안 영국의 여러 지역을 답사하여 지질 조사를 하였지요. 조사 결과를 바탕으로 1815년에 최초의 영국 지질도를 만든 바 있습니다. 이런 나의 경험을 바탕으로 지질 조사에 대한 이야기를 하겠습니다.

  지질 조사는 조사 연구가 충분히 이루어지지 않은 어느 지역의 지질학적 문제를 해결하기 위하여 이루어집니다. 지금 내 이야기를 듣고 있는 여러분에게 어울리는 것은 현장 답사를 통하여 교실에서 책으로 배운 지식과 관련된 지질학적 내용을 직접 체험하고 공부하는 지질 여행 또는 지질 답사라고 할 수 있겠네요.

지질 여행이나 지질 답사를 가기 위해서는 우선 계획을 세워야겠지요. 무엇을 체험하고 배울 것인지에 대한 목적이 필요합니다. 목적에 맞는 보고서나 책 등의 관련 자료를 수집하여 사전에 정보를 충분히 수집해야 합니다.

목적에 맞는 장소가 선정되면 답사 지역에서 어떤 경로를 따라서 이동하고 답사할 것인지 그리고 어떻게 숙식을 해결할 것인지에 대해서도 철저히 계획을 세워야 합니다.

스미스가 학생들에게 지질 답사 준비물을 하나하나 보여 주었다.

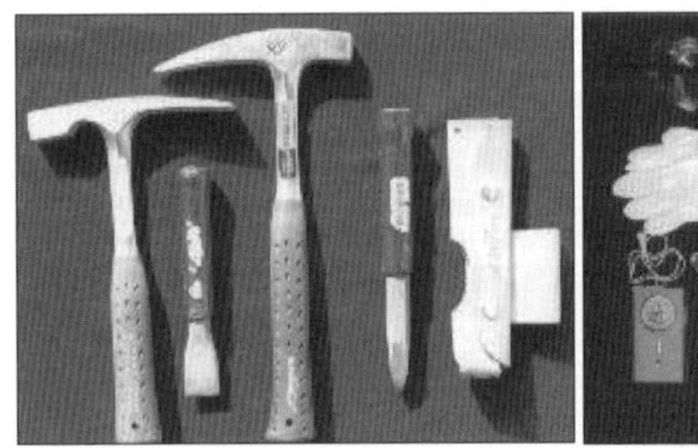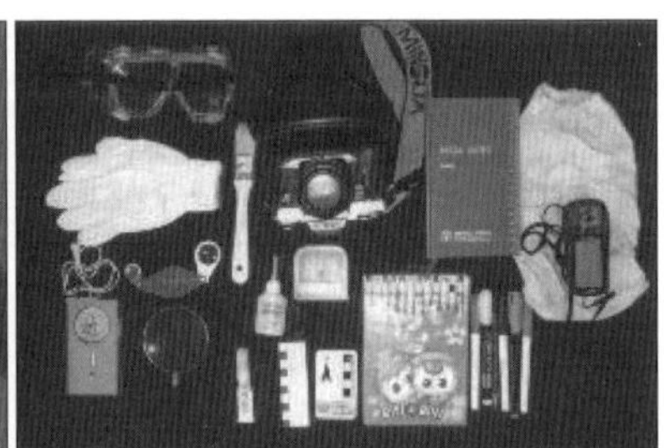

지질 답사 준비물

　지질 답사를 하려면 지도, 지질도, 자, 지질 조사용 망치와 정, 보안경, 장갑, 사진기, 노트, 표본 주머니, 필기도구, 줄 자, 묽은 염산, 돋보기, 클리노미터, 구급약품 등과 같은 준 비물을 챙겨야 합니다. 이들은 각각 어디에 이용될까요?

　먼저 지도는 우리가 알고 있는 것처럼 어느 지역의 지리적 정보를 기호로 나타낸 것이지요. 일반적인 경우에는 1 : 50,000 축척이나 1 : 25,000 축척의 지도가 이용되지요. 지 도를 전문적으로 판매하는 곳을 찾아가면 구입할 수 있습니 다. 요즘에는 정밀한 교통 안내 지도가 나와 있으며, 인터넷 으로 답사 지역의 지도를 볼 수 있지요.

　지질도는 지도에 암석의 분포, 단층이나 습곡, 화석 산지 등을 색깔과 기호로 나타낸 것입니다. 보통 지질도는 1 : 50,000 축척의 것이 이용되지요. 지질도는 대전에 있는 한국 지질자원연구원에서 구입할 수 있어요.

　자는 크기나 길이를 측정할 때 이용되며 약 1m 정도의 줄 자가 적당하지요. 지질 조사용 망치는 집에서 흔히 쓰는 망 치와는 모양이 다르며 암석 시료(시험, 검사, 분석 따위에 쓰는 물질이나 생물)를 채취하는 데 이용됩니다.

　묽은 염산은 염산에 물을 섞어 묽게 만든 것으로 석회암을 구분하는 데 이용되지요. 석회암에 묽은 염산을 조금 떨어뜨

클리노미터

리면 기포가 발생하기 때문에 야외에서 석회암을 알아내는 데 이용됩니다. 염산은 피부에 닿으면 위험하므로 사용할 때 항상 주의를 기울여야 합니다.

클리노미터(clinometer)는 지층의 주향과 경사를 재는 도구로서 보통 손바닥 정도의 크기이지요. 자침과 하트(heart) 모양의 작은 쇠가 달려 있고 눈금이 표시된 부분과 수평을 유지하는 데 필요한 기포 부분이 있습니다.

그리고 야외 답사를 갈 때는 간편한 등산복을 입고, 등산화를 신고, 모자를 써야 합니다. 물론 답사 장소의 계절에 따라서 복장이 다르겠지요. 치마나 교복은 야외 답사를 할 때는 입지 말아야 합니다. 운동화 정도는 괜찮지만 구두는 가급적 신고 가면 안 됩니다. 야외는 일상생활과는 전혀 다른 환경임을 염두에 두어야 하지요.

자, 이제 답사를 떠날 준비가 되었지요? 그럼 이제 답사를 떠나 볼까요?

답사 현장의 암석이 노출된 지점에서 관찰·측정해야 할 내용은 다음과 같습니다.

| | |
|---|---|
| • 암석의 종류 | • 지층의 주향과 경사 |
| • 암석의 분포 | • 화석 |
| • 암석의 경계 | • 사진 촬영 |
| • 암석의 조직, 성분, 구조 | • 스케치 |
| • 지질 구조 (습곡, 단층 등) | • 시료 채취 |

지층의 주향과 경사는 지층의 분포와 순서를 알아내는 데 중요하며 클리노미터로 측정합니다. 주향은 지각 변동을 받아 기울어진 지층이 발달하는 방향을 나타냅니다. 두 개의 평면이 어긋나게 만나면 직선이 생깁니다. 마찬가지로 지층면과 수평면이 만나면 직선을 이루지요. 이 직선의 방향을 주향이라고 한답니다.

주향은 지층면과 수평면이 만나는 직선의 방향이며 다음 그림과 같이 클리노미터를 층리면에 대고 수평을 이루게 한

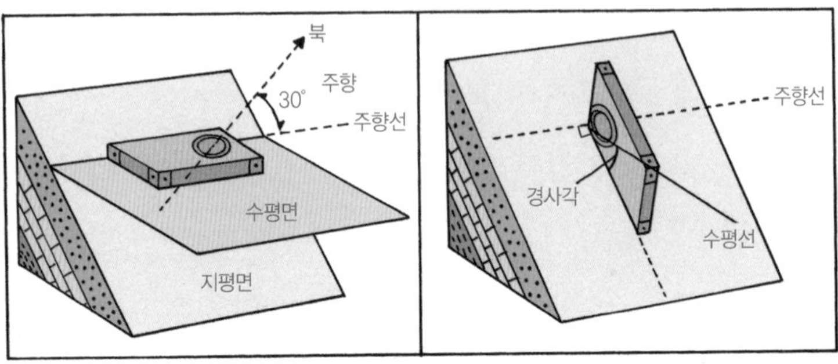


클리노미터와 주향 경사의 측정 방법

다음 자침이 가리키는 클리노미터의 바깥 눈금을 읽습니다. 클리노미터는 동쪽(E)과 서쪽(W)이 반대로 되어 있으며, 클리노미터에서 바늘이 북쪽(N)으로부터 E 또는 W 표시된 방향으로 몇 도 기울어져 있는지를 읽으면 됩니다. 즉 N으로부터 E로 표시된 방향으로 30° 기울어져 있다면 주향은 N30° E라고 읽습니다.

경사는 지층이 수평면으로부터 기울어진 방향과 기울어진 각도를 측정합니다. 경사는 위 그림과 같이 클리노미터를 주향선과 직각이 되게 하여 층리면에 세워서 측정하며 하트 모양의 쇠가 가리키는 클리노미터의 안쪽 눈금을 읽습니다.

경사 측정에서 중요한 것 중 하나는 경사의 방향을 결정하는 일입니다. 경사는 클리노미터를 이용하여 동서남북의 방향을 결정해야 합니다. 클리노미터의 바늘이 흑백인 경우 검

게 칠한 쪽, 파랗고 흰색인 경우 파란색으로 칠한 쪽, 빨갛고
파란 경우 빨간색으로 칠한 쪽이 북쪽입니다.

북쪽의 오른쪽이 동쪽, 왼쪽이 서쪽이라는 것은 말할 필요가
없지요. 다만 클리노미터에서는 편의상 북쪽의 오른쪽이 서쪽
으로, 왼쪽이 동쪽으로 표시되어 있으니 혼동하면 안 됩니다.

자, 그러면 클리노미터를 보고 지층이 경사진 방향을 결정
할 수 있나요? 주향이 N30°E라면 경사의 방향은 NW나
SE 둘 중의 하나가 되겠지요?

경사는 방향과 각도로 표시합니다. 만약 방향이 NW이고,
경사각이 60°라면 60°NW라고 표시합니다. 따라서 이 지층
은 주향이 N30°E, 경사가 60°NW라고 합니다. 이 주향과
경사를 기호로 간단히 나타낼 경우 다음 그림처럼 북쪽을 기
준으로 동쪽으로 30° 기울어지게 주향선을 그리고, 주향선의
기운데에 북시 방향으로 직긱이 되게 짧은 직선을 그리고
60°라고 표시합니다.

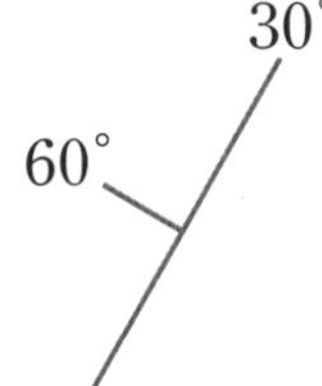


주향이 N30°E, 경사가 60°NW인 지층의 기호

주향과 경사는 물론 야외에서 관찰한 암석의 종류, 지질 구조, 화석 등의 모든 내용은 노트에 상세하게 기록하고, 중요한 것은 사진을 찍고 스케치를 하여야 합니다. 야외에서 채취한 암석이나 화석은 실험실에서 현미경을 이용하여 자세히 관찰하여야 하지요.

특히 야외 답사에서 채취한 암석은 실험실에서 박편을 만들어서 편광 현미경으로 관찰합니다. 맨눈으로 알아내기 어려운 구성 광물의 종류, 입자의 크기, 조직 등을 관찰하여 암석의 종류와 생성 환경을 해석하지요.

마지막으로 야외 지질 답사에서 관찰·측정한 모든 자료와 실험실에서 관찰·측정한 자료를 정리하여 보고서를 만들어

### 과학자의 비밀노트

**박편**

박편이란 암석과 광물을 현미경으로 관찰할 수 있도록 얇은 두께로 연마한 것을 말한다. 암석을 0.03mm 두께로 얇게 갈아서 슬라이드 글라스(받침 유리)에 붙이고, 커버 글라스(덮개 유리)로 씌워 편광 현미경으로 관찰하여 암석의 구성 광물과 광물의 크기와 모양들을 자세히 조사하기 위해서 박편을 만든다. 과학자들은 박편을 관찰하여 암석의 구성 물질인 광물이 투명한 것인지 또는 불투명한 것인지를 알아내고, 광물의 종류와 모양 그리고 미세한 구조까지도 알아낸다. 특별한 경우에는 전자 현미경을 이용하여 세밀한 연구를 수행한다.

야 합니다.

　보고서는 답사 목적에 따라서 내용과 형식이 다를 수 있겠지요. 그러나 일반적으로 보고서는 답사 목적, 장소, 야외와 실험실에서 관찰한 내용을 사진과 함께 설명하여야 합니다. 또한 관찰한 내용과 참고 자료를 근거로 답사 지역 지질의 역사를 해석한 내용을 적어야 하지요. 마지막으로 답사 결과를 정리하여 결론을 쓰고, 맨 마지막에는 참고한 자료를 적어야 합니다. 다음은 답사 보고서 양식의 한 가지 예를 보여 줍니다.

**∷ 답사 보고서 양식의 예**

**제 목**

작성자 : ○ ○ ○

장소 :

조사 기간 :

목적 :

관찰 내용 :
 1) 야외 관찰 내용
 2) 실험실 관찰 내용

해석 :

결론 :

참고 자료 :

야외 지질 조사 시에는 위험한 사고를 방지하기 위하여 항상 주의를 기울여야 합니다. 다음과 같은 주의 사항을 반드시 지키기 바랍니다.



1. 무리하고 위험한 행동을 하지 말 것
2. 가급적 보호자와 함께 가거나 반드시 2인 이상이 함께 갈 것
3. 항상 답사 지역의 위치를 보호자에게 휴대폰으로 연락하고, 반드시 비상 연락 체계를 갖출 것
4. 도로에서 자동차 사고에 주의할 것
5. 낭떠러지 추락에 주의할 것
6. 경사가 급한 절벽은 올라가지 말 것
7. 뱀이나 덫을 주의할 것
8. 바닷가를 답사할 경우 반드시 되돌아올 시간과 물때를 확인할 것
9. 망치로 암석을 채취할 때 돌 조각에 다치지 않도록 주의할 것
10. 문화재나 유적지 및 자연 경관을 훼손하지 말고 금지 사항을 준수할 것
11. 감기약, 소화제 등의 비상 약품을 휴대할 것

## 지층 탐사 여행

지금부터는 앞에서 공부한 내용을 야외 현장에서 직접 적

용해 볼 수 있는 지층을 탐사하는 여행에 대하여 이야기를 하 겠습니다.

교실에서 책만 보고 공부한 학생이 야외 현장의 지층을 쉽 게 알아볼 수 있을까요? 야외 답사 경험은 매우 중요합니다. 경험이 없으면 아무리 책에서 지층을 많이 보았어도 야외 현 장에서 쉽게 알아보지 못하는 까막눈이 될 가능성이 높지요.

자연 과학은 대부분 자연을 직접 관찰하는 데에서 시작합 니다. 요즈음 학교에서 체험 학습, 실험, 관찰 수업 그리고 수행 평가 등을 강조하는 것은 바로 살아 있는 과학을 강조하 는 것이라고 생각할 수가 있는 것이지요.

그러면 우리는 어디에서 지층을 볼 수 있을까요? 집과 학 교 그리고 동네 부근에 지층이 나타난 곳을 본 적이 있나요?

대부분의 지구 표면은 흙으로 덮여 있으며 특히 도시는 콘 그리트니 벽돌로 표면이 덮여 있습니다. 지층은 과거 지질 시대에 쌓인 퇴적물이 굳은 퇴적암으로 이루어져 있으며, 이 런 암석은 바로 옛날 퇴적물이 쌓였던 강이나 호수, 바다 등 이었던 곳에서 관찰할 수 있습니다.

먼저 내가 1815년에 만든 영국 최초의 지질도를 보여 줄게요.

스미스가 학생들에게 자신이 만든 지질도를 보여 주었다.

스미스가 1815년에 만든 최초의 영국 지질도

이번에는 한국의 지질도를 보여 줄게요. 내가 만든 지질도
와 어떻게 다른지 비교해 보기 바랍니다.

스미스가 학생들에게 한국의 지질도를 보여 주었다.

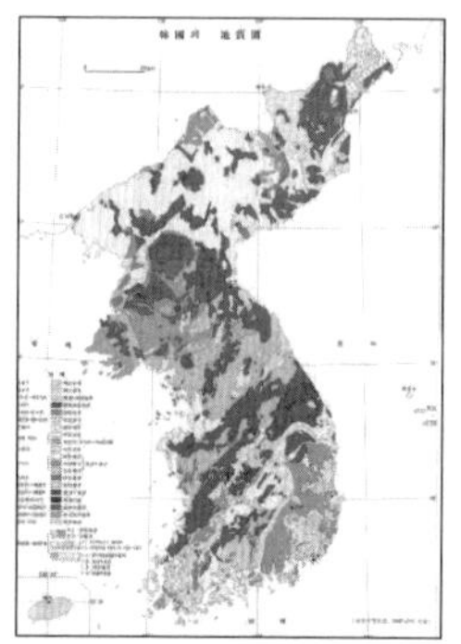

**한국의 지질도**(한국지질자원연구원, 1995년)

앞의 지질도에서 한국의 지층을 관찰할 수 있는 곳을 이야기하여 봅시다. 지질도에서 보는 바와 같이 한국에는 주로 강원도와 충청북도 일대의 고생대 지층, 충청남도 일대의 중생대 중기 지층, 경상남도와 전라남도 일대의 중생대 후기 지층 그리고 경상북도 포항 일대와 제주도 일부 지역의 신생대 지층이 주로 분포합니다.

지도에 표시된 퇴적암 분포 지역에 가면 지층을 볼 수 있으나 지층은 대체로 흙으로 덮여 있는 경우가 일반적입니다. 지층은 바닷가, 강가 그리고 고속도로나 국도 옆에 잘 나타나 있지요.

이처럼 지질도를 보면 지층이 잘 나타나는 곳이 어디인지를 알 수 있습니다. 특히 지질도에 화석 산지나 주향과 경사가 표시된 장소는 지층이 비교적 잘 나타나는 곳으로 생각할 수 있지요.

지금부터 한국의 지층이 잘 나타나는 곳으로 여행을 떠나 볼까요?

첫 번째 여행 장소는 고생대의 지층을 관찰할 수 있는 강원도 영월입니다. 이곳은 조선 시대 임금이었던 단종의 왕릉과 단종의 유배지였던 청령포가 있으며, 요즈음은 래프팅을 하는 장소로 유명한 곳이기도 합니다. 지층 관찰 장소는 강원

도 영월군 북면 마차리의 문암교 부근입니다. 이곳에는 길가
에 고생대 석탄기의 지층(요봉층)이 분포하며, 지층은 붉은색
의 사암과 역암이 반복하여 나타납니다.

지층은 아래 사진과 같이 거의 수직으로 서 있으며 사층리
를 잘 관찰할 수 있지요. 사층리는 지층의 상부와 하부를 결
정하는 데 이용되며 물이 흘렀던 방향을 알아내는 데에도 이
용된다는 것을 우리는 앞에서 이미 공부한 바 있지요? 그리
고 이곳의 역암은 중자갈 정도 크기의 퇴적물로 이루어져 있

역암과 사암 및 사층리

고 자갈들은 원마도와 분급이 양호합니다.

앞의 사진에서 사층리를 이용하여 지층의 위와 아래가 어느 쪽인지 이야기해 보세요. 그리고 물이 흘렀던 방향이 어디인지 말해 보세요.

__위쪽에서 아래쪽으로 물이 흘렀다고 생각합니다.

맞았어요. 이 지층은 본래 사진의 오른쪽이 하부이고 왼쪽이 상부인 수평층이었지요. 당시 물은 경사진 지층의 방향으로 보아 오른쪽에서 왼쪽으로 흘렀음을 알 수 있습니다. 그러나 지각 변동으로 수평층이 수직으로 나타난 것이며, 물은 위쪽에서 아래쪽으로 흘렀던 것으로 보이게 된 것입니다.

관찰 지점의 인접 지역에서는 고생대 석탄기의 석회암층을 흔히 관찰할 수 있지요. 석회석을 이용하기 위해서 산을 깎으면서 지층이 잘 드러나 있기도 하며 석회암층이 지각 변동을 받아서 구부러진 습곡 구조를 관찰할 수도 있습니다. 이 석회암에서는 어떤 화석을 관찰할 수 있을지 알아봅시다.

다음은 중생대의 지층으로 여행을 떠나 봅시다.

중생대의 지층은 경상남도에 널리 분포합니다. 그러나 여기에서는 충청북도 영동군에 분포한 지층을 만나 보기로 하겠습니다. 답사 장소는 충청북도 영동군 황간면 용암리의 용암 초등학교 부근 길가입니다. 이곳의 지층은 주로 사암과

사층리와 점이 층리

실트암 및 셰일로 이루어져 있지요. 지층에는 사층리와 점이 층리가 흔히 나타납니다.

이곳에서는 이 밖에도 건열과 빗방울 자국 그리고 물결 자

### 과학자의 비밀노트

**지질 시대의 물이 흘렀던 방향**

여러 퇴적 구조는 지층의 형성 당시 물이 흘렀던 방향, 즉 고수류의 방향을 알려 준다. 우리들이 잘 알고 있는 물결 자국과 사층리는 고수류를 알아내는 데 중요한 자료이다. 사층리의 방향이 반대인 경우 지층 퇴적 당시 밀물과 썰물이 있었던 조간대 환경이 있었음을 짐작할 수 있다. 과학자들은 고수류 분석을 통하여 퇴적물의 공급 방향과 퇴적 환경을 알아낸다. 바람에 의하여 만들어진 사층리는 지층 형성 당시 우세하였던 바람의 방향을 알려 주기도 한다.

물결 자국

국도 쉽게 볼 수 있지요. 용암 초등학교에서 황간 방향으로 901번 지방 도로를 따라가면 솔치재(솔치고개)가 있습니다. 이곳에도 길가에 경사진 지층이 나타나는데, 지층의 표면에는 위와 같이 물결 자국이 잘 나타납니다.

위 사진에서 물이 흐른 방향이 어느 쪽인지 이야기할 수 있나요? 사진과 같이 방향이 다른 두 개의 물결 자국이 중첩되어 나타나기도 합니다. 이런 물결 자국을 간섭 물결 자국(간섭 연흔)이라고 합니다. 물결 자국에서는 경사가 완만한 쪽에서 경사가 급한 쪽으로 물이 흘렀음을 알 수 있습니다. 양쪽의 경사가 같은 대칭을 이룬다면 물이 흐른 방향을 알기가 어렵겠지요?

솔치재에서 영동읍을 지나면 영동 대학교가 나옵니다. 이

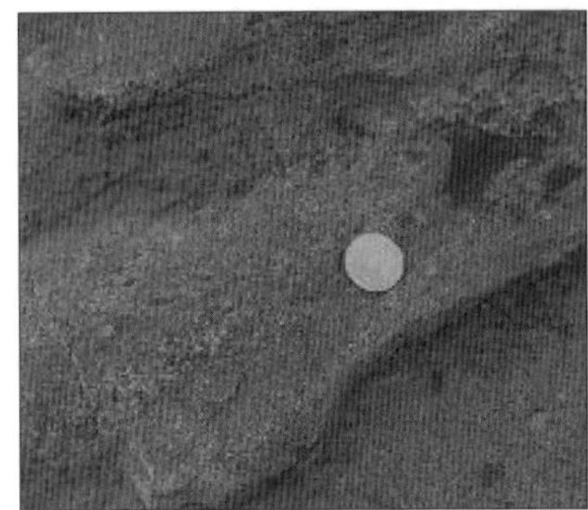

여러 가지 암석으로 이루어진 지층과 퇴적 구조

영동 대학교 주변에서는 위 사진과 같이 붉은색을 띠는 역암, 사암, 셰일층을 볼 수 있으며 사층리와 점이 층리도 관찰할 수 있습니다.

위 사진에서 어떤 퇴적 구조를 관찰할 수 있는지 이야기해 볼까요? 왼쪽 사진은 사층리를 나타내고, 오른쪽 사진은 점이 층리를 나타내고 있습니다. 질문 하나 할게요. 사진에 왜 동전이나 망치를 함께 찍었을까요?

__저요, 선생님. 사진에서 동전이나 망치는 자의 역할을 하며, 크기를 비교하기 위한 것이라고 생각합니다.

정답입니다. 한국에서 중생대의 지층이 잘 발달된 곳은 경상남도 고성 덕명리와 전라남도 해안 우항리 그리고 전라북도 부안 채석강 지역이지요. 특히 고성과 해남은 공룡과 새의 발자국 화석이 많이 나타나는 곳으로 유명하지요. 시간을

내서 가족과 함께 그곳으로 여행을 가 보기 바랍니다.

혹시 제주도로 여행을 가게 되면 서귀포에 있는 신생대 지층인 패류 화석층을 관찰하기를 바랍니다. 이곳은 천연기념물로 지정된 곳이니 눈으로 보기만 하세요. 이곳은 주로 사암으로 이루어져 있으며 물결 자국도 나타나지요. 특히 이런 화석도 관찰할 수 있지요.

스미스가 학생들에게 여러 가지 조개 화석을 포함한 지층의 사진을 보여 주었다.

패류 화석층(제주도 서귀포시)

이 사진에 나타난 화석이 어떤 종류의 화석인지 금방 알 수 있겠지요?

＿네, 돌멩이에 무수히 많은 조개껍데기가 박혀 있는 걸로

보아 조개 화석인 것을 알 수 있어요.

맞았어요. 제주도에서는 다양한 종류의 조개 화석을 관찰할 수 있어요. 그렇다면 조개 화석과 같은 패류 화석층을 포함한 지층이 어떤 환경에서 퇴적물이 쌓여 이루어졌는지 알겠지요?

__네, 바로 조개가 사는 바닷가예요.

그렇지요. 이처럼 지층에 포함된 화석을 보고 그 지층이 어떤 환경에서 생성되었는지 알 수 있답니다.

끝으로 한국에서 지층이 잘 발달되어 있어 가 볼 만한 중요 답사 지역을 사진으로 보여 주고 이번 수업을 마무리하겠습니다.

스미스가 학생들에게 한국의 답사 지역을 소개하고 여러 곳의 지층 사진을 보여 주었다.

> 1. 강원도 태백시 구문소 : 석회암, 퇴적 구조, 삼엽충
> 2. 충청북도 단양군 노동리 : 석회암, 습곡 구조
> 3. 전라북도 부안군 채석강, 적벽강 : 사암, 셰일, 물결 자국, 단층
> 4. 전라남도 해남군 우항리 : 사암, 셰일, 물결 자국, 공룡과 익룡과 새의 발자국 화석
> 5. 경상남도 고성군 덕명리 : 물결 자국, 건열, 사층리, 공룡과 새의 발자국 화석, 빗방울 자국
> 6. 경상북도 포항시 금광동 : 셰일, 이암, 식물 화석

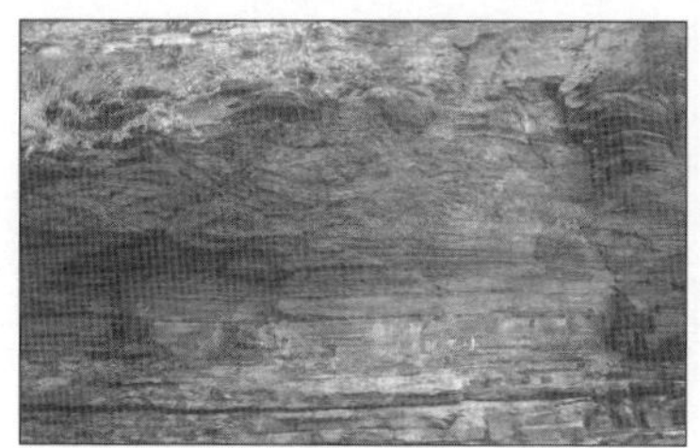

적벽강의 지층
(전라북도 부안군)

적벽강의 셰일층과 단층 구조
(전라북도 부안군)

우항리의 지층과 물결 자국
(전라남도 해남군)

우항리의 셰일층
(전라남도 해남군)

덕명리의 사암으로 이루어진 지층
(경상남도 고성군 하이면)

덕명리의 지층과 하식 동굴
(경상남도 고성군 하이면)

여러분, 다음 수업 시간이 벌써 마지막 수업이군요. 다음 시간에는 지층이 우리에게 주는 귀중한 선물에 대한 이야기를 들려줄게요. 기대하세요.

지도, 지질도, 자, 지질 조사용 망치와 정, 보안경, 장갑, 사진기, 노트, 표본 주머니, 필기도구, 줄자, 묽은 염산, 돋보기, 클리노미터. 이 정도면 지질 탐사 준비가 완벽하죠?
구급약품도 잊지 말고 꼭 챙겨요. 그리고 다시 한 번 몇 가지 물품의 사용법에 대해서 알려 주겠어요.

묽은 염산은 석회암을 구분하는 데 이용돼요. 석회암에 묽은 염산을 조금 떨어뜨리면 기포가 발생하기 때문이지요.
또한 염산은 피부에 닿으면 위험하니까 사용할 때 항상 주의해야 하고요!
기포가 나는 걸 보니 석회암이구나.

잘 알고 있군요. 그리고 클리노미터는 지층의 주향과 경사를 재는 도구예요. 주향은 지각 변동을 받아서 기울어진 지층이 발달하는 방향을 나타내지요.
네. 이제 지질 탐사를 떠나요, 선생님!

지금부터 관찰하고 측정해야 할 내용은 무엇인가요?
여기 도표에 정리된 것들이에요.
· 암석의 종류
· 암석의 분포
· 암석의 경계
· 암석의 조직, 성분, 구조
· 지질 구조
· 지층의 주향과 경사
· 화석
· 사진 촬영
· 스케치
· 시료 채취

그리고 채취한 암석은 실험실에서 박편을 만들어 편광 현미경으로 관찰할 거예요. 구성 광물의 종류, 입자의 크기, 조직 등을 관찰해서 암석의 종류와 생성 환경을 알 수 있어요.
알겠어요.
박편: 암석과 광물을 현미경으로 관찰할 수 있도록 얇은 두께로 연마한 것

마지막으로 야외 지질 탐사에서 관찰하고 측정한 모든 자료와 실험실에서 관찰 측정한 자료를 정리해서 보고서를 작성해야 해요.
네~, 열심히 하겠습니다!

# 6

# 지층의 선물

지층은 지구의 역사를 알아내게 하는 귀중한 자료입니다.
실생활에 매우 중요한 지층의 선물에는 무엇이 있을까요?

**마지막 수업**

# 지층의 선물

스미스가 아쉬운 표정으로
마지막 수업을 시작했다.

　이번 시간에는 나의 마지막 수업으로 지층이 우리에게 주는 선물에 대하여 이야기하겠습니다.

　__선생님, 어떤 신물인가요?

　성격이 참 급하네요. 생일 선물이나 크리스마스 선물 같은 것은 아니에요. 그러나 우리 인류의 생활에 없어서는 안 될 매우 귀중한 선물입니다.

　__그렇게 말씀하시니 더 궁금해요.

　지층은 퇴적물이 쌓여서 만들어진 퇴적암으로 이루어져 있습니다. 따라서 지층을 통하여 퇴적물이 쌓인 과정과 환경을

알 수가 있지요. 또한 쌓일 당시의 기후와 지리도 지층을 연구하여 알아낼 수 있습니다.

지층에는 지층 형성 당시에 살았던 여러 가지 동물과 식물이 화석으로 나오기도 합니다. 따라서 지층에 포함된 화석을 통하여 지층이 만들어진 시대를 알 수도 있습니다.

＿선생님, 지금 하신 이야기는 우리도 알고 있는데요.

아! 그렇군요. 내가 하려는 이야기는 지금부터이니 잘 들어보세요.

지층은 조금 전에 이야기한 학술적 중요성 이외에도 우리 실생활에 매우 중요한 선물을 가져다줍니다.

＿선생님, 실생활에 중요한 선물이라면 혹시 먹는 것이나 입는 것인가요?

아닙니다. 먹는 것과 입는 것이 우리에게 매우 중요하지요. 그러나 또 다른 중요한 것이 있지요. 그것은 지하자원입니다.

＿아, 그렇군요. 그러니까 석유나 석탄을 이야기하시는 거지요?

예, 맞았어요. 지층은 석유와 천연가스 그리고 석탄을 우리에게 제공하며, 철광석을 선물로 주기도 합니다. 이들은 우리가 살아가는 데 없어서는 안 될 정말로 귀중한 지층의 선물입니다.

먼저 석탄에 대하여 이야기하겠습니다.

여러분, 고생대에 '석탄기'라는 지질 시대가 있다는 것을 알고 있겠지요? 그러면 왜 '석탄기'라는 이름이 붙여졌는지 누구 말해 볼까요?

＿저요, 선생님. '석탄기'는 석탄층이 많이 나오는 데서 그 이름이 붙여진 것이라고 생각합니다.

맞았어요. 석탄기는 석탄층이 많이 나오는 지질 시대입니다.

산업 혁명의 원동력이 되었던 석탄은 고생대 말 석탄기와 페름기 초와 같은 따듯하고 습윤한 환경에서 번성하여 삼림을 이루었던 식물이 변하여 만들어진 것입니다. 그때의 식물은 대체로 습지나 얕은 물 밑에 뿌리를 박는 종류였으므로 죽어 넘어지면 물속에 쌓이고 쌓여서 오랫동안 대단히 두꺼운 층을 만들게 되었습니다.

마른 땅 위에서 죽은 나무는 곧 썩이시 없어지지만 물속에서는 산소의 부족으로 썩지 않고 거의 그대로 보존됩니다. 이 두꺼운 식물의 층은 지각의 침강으로 지표 위에 두껍게 쌓여 위에서 가해지는 큰 압력을 받는 동안에 식물의 구성 성분인 수소·질소·산소의 대부분은 서서히 달아나 버리고 나중에는 탄소를 주성분으로 한 물질이 남게 되어 석탄이 생성됩니다. 석탄이 식물로 되어 있다는 사실은 현미경으로 석탄

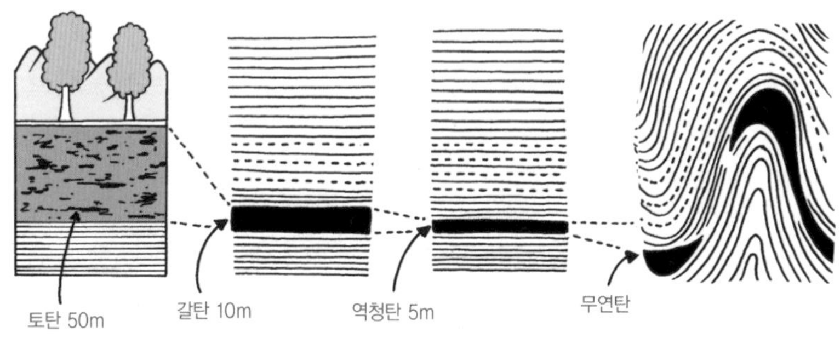


토탄이 지층의 압력을 받아 갈탄, 역청탄, 무연탄의 순서로 변하는 모습

을 연구하여 보아도 알 수 있지요.

석탄층은 민물에 퇴적된 퇴적암 중에서 발견되며 그 두께는 수 cm~수십 m에 달하는 것까지 있습니다. 보통 엉성하게 쌓인 식물의 층은 토탄으로 압축되어 석탄층을 만들게 되므로, 1m의 석탄층도 20m의 식물층이 모였어야 가능했을 것입니다. 석탄은 탄화의 정도에 따라서 토탄, 갈탄, 역청탄, 무연탄으로 구분합니다. 이 중 토탄은 땅속에 묻힌 지 오래되지 않은 것으로 식물의 구조가 그대로 남아 있는 것이며, 무연탄은 탄화 정도가 제일 높은 석탄입니다.

전 세계 석탄 매장량은 약 8,500억 톤이고 1년 생산량은 약 60억 톤으로 알려져 있지요. 이 중 대부분은 유라시아와 북아메리카에 분포하며 특히 미국, 러시아, 중국이 전 세계 석탄 매장량과 생산량의 약 60%를 차지합니다.

한국의 석탄 매장량은 약 10억 톤으로 알려져 있습니다. 한국의 석탄은 주로 강원도와 충북 및 경상북도의 고생대 지층과 충청남도의 중생대 지층에 포함되어 있습니다. 요즈음에는 많은 탄광이 문을 닫았으나 과거에는 석탄이 한국의 중요 지하자원으로 각광을 받았습니다.

쉬운 문제 하나 낼 테니 대답해 보세요. 전 세계 석탄 매장량이 약 8,500억 톤이고, 1년에 생산량이 약 60억 톤입니다. 이런 생산량이 지속된다면 지구 상의 석탄은 앞으로 몇 년 후 바닥이 날까요? 나누기 문제이니까 쉽지요?

- 선생님, 제가 대답하겠습니다.

그래요, 말해 보세요.

- 8,500 나누기 60은 약 140이니까, 지금처럼 생산량이 계속된다면 약 140년이 지나면 전 세계 석탄이 바닥이 날 것입니다.

맞습니다. 140년 정도가 지나면 석탄이 바닥나게 됩니다. 석탄은 여전히 중요한 에너지원이므로 석탄으로 만들어진 물건과 연료들을 아껴서 사용해야 하며, 또 대체 에너지를 개발하는 데도 힘써야 할 것입니다.

이번에는 석유에 대해 알아봅시다.

천연적으로 지하에 들어 있는 기름을 원유라고 합니다. 원

유와 가연성 천연가스는 탄소와 수소로 된 여러 가지 탄화수소의 혼합물입니다. 원유는 거의 불투명 내지 반투명한 흑녹색의 점성이 있는 액체이지만, 등유처럼 연한 색을 가진 원유도 드물게 발견되지요. 석유는 원유와 원유를 증류하여 얻은 여러 종류의 기름을 가리키는 말로도 쓰입니다.

천연가스로는 메테인·에테인·프로페인·뷰테인이 있는데 이들은 끓는점이 낮기 때문에 보통 온도에서 가스 상태로 존재합니다.

원유와 천연가스는 고생대 이후의 모든 지층에서 산출되나 신생대층에 총 석유 매장량의 60%가 들어 있고 중생대층에 25%, 고생대층에 15%가 들어 있습니다. 고생대와 중생대층의 석유 매장량 40% 중 절반이 중생대 백악기 지층에 매장되어 있습니다.

석유가 생성된 원인에 관하여는 여러 가지 설이 있는데, 석유의 유기적 기원설이 받아들여지고 있습니다. 유기적 기원설은 원유와 가스가 지질 시대에 살던 생물이 남긴 유기물이 그 원인 물질이라는 학설입니다.

유기물이 물속 바닥에 가라앉으면 그 일부는 수면 가까이에서 떠서 사는 물속에 사는 생물에 의하여 소비되지만, 남은 것은 퇴적물 속에 보존됩니다. 생물 서식 환경이 적당하지 않으면 유기물은 퇴적물에 섞여서 보존되고 후에 석유로 변할 가능성이 커집니다.

최근까지 연구된 바에 의하면 유기물이 원유로 변하는 데 필요한 지하의 조건은 500기압의 압력과, $50^\circ C$ 이상 $150^\circ C$ 이하의 온도 및 100만 년 이상의 시간입니다. 원유가 $150^\circ C$ 이상의 지열을 받으면 분해되어 유전 가스로 변하게 됩니다.

유기물을 포함하고 있다가 원유를 생성시키는 암석을 근원암이라고 하는데, 석유의 근원암으로는 유기물을 대량 포함한 흑색 내지 흑회색의 셰일이나 이암이 적당합니다. 이런 근원암이 환원 환경에서 퇴적되어야 함은 물론이지요.

생성된 원유를 지하에 머물러 있게 하고 지표로 탈출하지 못하게 하는 모든 장치를 유민이라고 합니다. 원유가 지하에 보존되기 위해서는 이런 유민이 꼭 필요하지요. 유민에는 저류암과 이를 덮는 덮개암이 있어야 하고 시질 구조가 적낭하여야 합니다.

저류암은 구멍이 많은 암석으로써 공극률(암석을 이루는 알갱이들 사이에 있는 빈틈이 차지하는 비율)이 높은 사암과 석회암 등이 있지요. 저류암은 암석을 구성하는 알갱이들 사이에 공극이 있어 원유를 포함한 암석입니다. 석회암의 경우 쇄설성 석회암 또는 다공질인 석회암이 저류암이 되지요. 덮개암

은 저류암 위에 있는 치밀한 퇴적암으로써 셰일·이암 등이 보통이나 석고층도 이에 해당됩니다.

배사 유민은 유전에 생긴 습곡의 배사 구조가 석유의 근원암·저류암·덮개암의 순서로 되어 있어서, 생긴 원유가 저류암에 모일 수 있는 조건을 갖춘 것입니다.

석유의 전 세계 매장량은 약 1,700억 톤(또는 약 1조 2,400억 배럴) 정도로 알려져 있습니다. 여기서 배럴은 약 160L의 부피를 나타내는 단위이지요. 이 중에서 사우디아라비아, 이란, 이라크, 쿠웨이트 및 아랍 에미리트가 속한 중동 지방의 석유 매장량은 약 1,000억 톤(약 7,500억 배럴)으로 전 세계 석유 매장량의 약 60% 이상을 차지한답니다. 전 세계에서 하루 석유 생

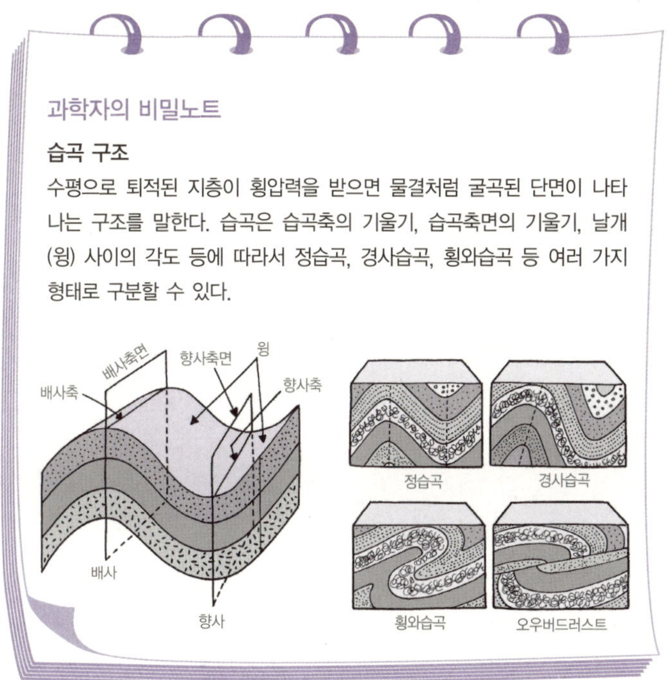


산량은 약 8,000만 배럴 정도로 알려져 있습니다. 머지않아 지구 상의 석유도 바닥이 나게 되겠지요? 언제쯤일까요?

한국에서는 지금까지 경제성이 있는 석유가 개발되지 않았습니다. 하지만 남해안과 서해안의 대륙붕에서 석유 매장 가능성을 지속적으로 조사하고 있으니 좋은 결과를 기다려 봅니다. 최근 한국에서는 해외에서 원유를 개발하려는 노력에 박차를 가하고 있어 이에 대한 국민의 기대가 대단히 큽니다.

이 밖에도 지층이 우리에게 주는 선물로는 산업에 필수적인 철광석이 있습니다. 세계적인 철광석 산지는 미국, 캐나다, 독일, 러시아, 브라질, 중국, 오스트레일리아 등에 위치하고 있습니다. 철광석은 주로 선캄브리아대에 형성된 지층에서 나오는 것으로 알려져 있지요.

한국에서도 강원도 양양, 충청북도 충주, 충청남도 서산 등지의 선캄브리아대 암석에서 철광석이 많이 나왔지요. 철광석은 한국의 중요한 지하자원입니다. 북한에서는 함경북도 주산, 함경남도 이원, 평안남도 개천, 황해도 은율 등지에 많은 양의 철광석이 매장되어 있음이 알려져 있습니다.

그리고 강원도와 충청북도의 여러 곳에 넓게 분포하는 석회암층은 시멘트 원료로 사용되는 매우 중요한 지하자원입니다. 이들 석회암은 고생대 초기에 얕은 바다에서 형성된 것이지요. 이 외에도 지층이 주는 또 다른 선물이 있는지 여러분이 한번 조사해 보기 바랍니다.



지금까지 여러분과 지층에 관한 이야기를 하면서 내가 지층을 조사하던 옛날 생각이 떠오릅니다. 내가 지금부터 약 2

백 년 전에 영국의 각 지역을 돌아다니며 조사할 때는 너무나
도 지층 탐사가 힘들었답니다. 물론 내가 가정 형편이 어려
웠던 이유도 있지만요.

그러나 그때는 지금처럼 도로가 잘 닦여 있지도 않았고 자
동차나 기차도 없었습니다. 그리고 휴대폰이나 비행기, 컴퓨
터와 같은 첨단 기기는 상상도 할 수 없었답니다. 오로지 무
거운 짐을 지고 산과 골짜기를 걷고 또 걸어 다니며 조사를
했습니다. 하지만 그렇게 고생한 덕분에 나는 최초로 영국의
지질도를 완성할 수 있었고 지층에 관한 기본 원리를 밝혀내
게 된 것이지요.

나는 지금 너무나도 좋은 환경에서 공부하고 있는 여러분
이 부럽습니다. 여러분이 나처럼 열심히 공부하면 반드시 나
보다 더 훌륭한 사람이 될 것입니다. 스스로 열심히 노력하면
나처럼 어려웠던 환경을 반드시 이겨낼 수 있습니다.

여러분은 몸을 튼튼하게 하고 올바른 생각을 하며 어른을
공경하고 어려운 친구를 도와주며 나라와 세계를 위하여 좋
은 일을 하려는 꿈을 갖고 열심히 공부해야 합니다. 자연을
친구 삼아 대화를 하고 자연의 신비를 풀어내는 훌륭한 과학
자가 되기 바랍니다.

오늘은 지층이 우리에게 가져다주는 선물인 지하자원에 관해서 알아보겠어요.
지하자원이라면 석유, 천연가스, 석탄 말이지요? 아! 철광석도 있네요.
지층의 선물

맞아요. 석탄은 고생대 말 석탄기와 페름기 초, 따듯하고 습윤한 환경에서 번성해서 삼림을 이루었던 식물이 변해서 만들어진 것이에요.
그렇군요.

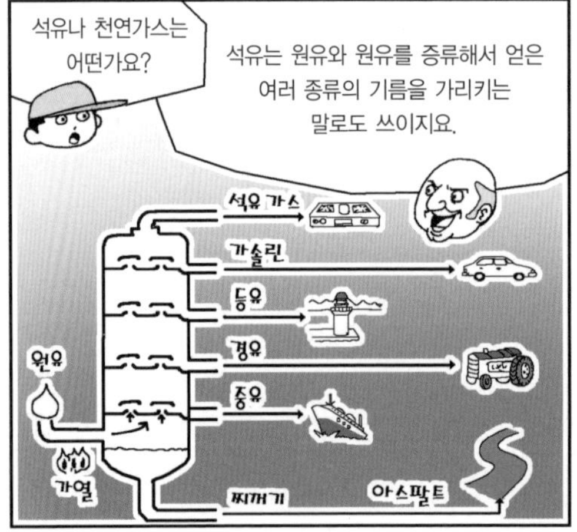
석탄은 탄화의 정도에 따라서 토탄, 갈탄, 역청탄, 무연탄으로 구분하는데 이 중에 토탄은 땅속에 묻힌 지 오래되지 않은 것으로 식물의 구조가 그대로 남아 있는 것이고 무연탄은 탄화 정도가 제일 높은 석탄이에요.
토탄
갈탄
역청탄
무연탄

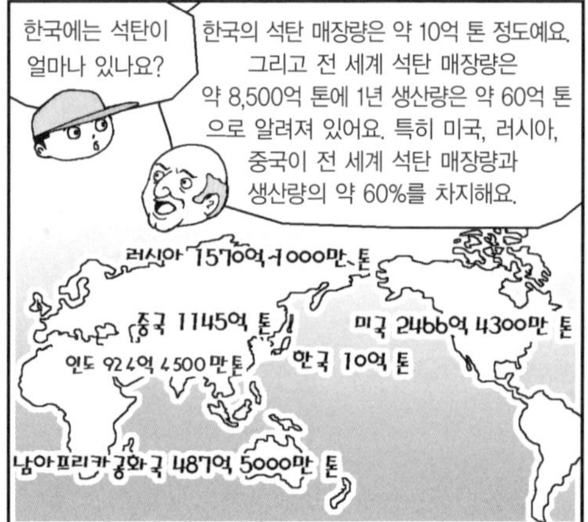
한국에는 석탄이 얼마나 있나요?
한국의 석탄 매장량은 약 10억 톤 정도예요. 그리고 전 세계 석탄 매장량은 약 8,500억 톤에 1년 생산량은 약 60억 톤으로 알려져 있어요. 특히 미국, 러시아, 중국이 전 세계 석탄 매장량과 생산량의 약 60%를 차지해요.
러시아 1570억 4000만 톤
중국 1145억 톤
미국 2466억 4300만 톤
인도 924억 4500만 톤
한국 10억 톤
남아프리카공화국 487억 5000만 톤

석유나 천연가스는 어떤가요?
석유는 원유와 원유를 증류해서 얻은 여러 종류의 기름을 가리키는 말로도 쓰이지요.
석유 가스
가솔린
등유
경유
중유
원유
가열
찌꺼기
아스팔트

원유와 천연가스는 시생대층에 총 석유 매장량의 60%가 들어 있고 중생대층에 25%, 고생대층에 15%가 들어 있어요. 석유가 생성된 원인으로 지질 시대에 살던 생물이 남긴 유기물이라는 학설이 있어요.
그렇군요.

스미스는 1769년 영국 옥스퍼드셔의 농부 집안에서 마을 대장장이의 아들로 태어났습니다. 그는 동네 학교에 다니며 기하학과 측량술에 대한 기초 교육을 받았으나, 책을 살 돈이 없을 정도로 가난하여 정식 교육을 제대로 받지 못하였습니다.

청년이 되었을 때부터 그는 측량 기사의 조수로 일하며 측량과 토목 기사의 경험을 쌓았고, 토양과 지층에 대한 관찰을 시작하였습니다.

스미스의 본격적인 지질학적 조사는 그가 운하 토목 기사로 일하던 회사에서 1794년부터 6년 동안 이루어졌습니다. 그는 잉글랜드의 북동쪽에 위치한 뉴캐슬에서부터 웨일스를

거쳐 남동쪽에 있는 베스까지 약 1,500km를 여행하며 지층의 분포에 대한 경험의 폭을 확장하였습니다. 그가 6년 동안 지질 조사를 통하여 발견한 가장 중요한 사실은 "각각의 지층은 독특한 화석을 포함하고 있으며, 화석에 의하여 지층의 형성 순서를 알아낼 수 있다"는 것이었습니다.

스미스는 1801년 잉글랜드 지층의 순서와 각 지층의 특징과 화석을 정리한 표를 제작하였습니다. 이 표는 각각의 지층마다 독특한 화석을 포함하고 있다는 층서학의 기본 원리를 보여주는 것이었습니다. 1815년 그는 잉글랜드와 웨일스를 포함하는 최초의 영국의 지질도를 만들었습니다.

1831년 그의 나이 62세 때, 당시 영국 지질학회의 회장은 스미스에게 최초의 울러스턴(Wollaston) 메달을 수여하였으며, 그를 '영국 지질학의 아버지'라고 평가하여 그의 위대한 업적을 치하하였습니다.

# 언제, 무슨 일이?

과학사
세계사

미합중국 제1회 연방의회 개회

허턴
'지구의 이론' 발표
1788

나폴레옹 모스크바로부터 퇴각

퀴비에
격변설 주장
1812

워털루 전쟁

스미스
최초로 영국의 지질도 완성
1815

조선, 가짜 홍경래 소동

스미스
'동물군 천이의 법칙' 발표
1816

프랑스, 7월 혁명

라이엘
《지질학 원리》출판
1830

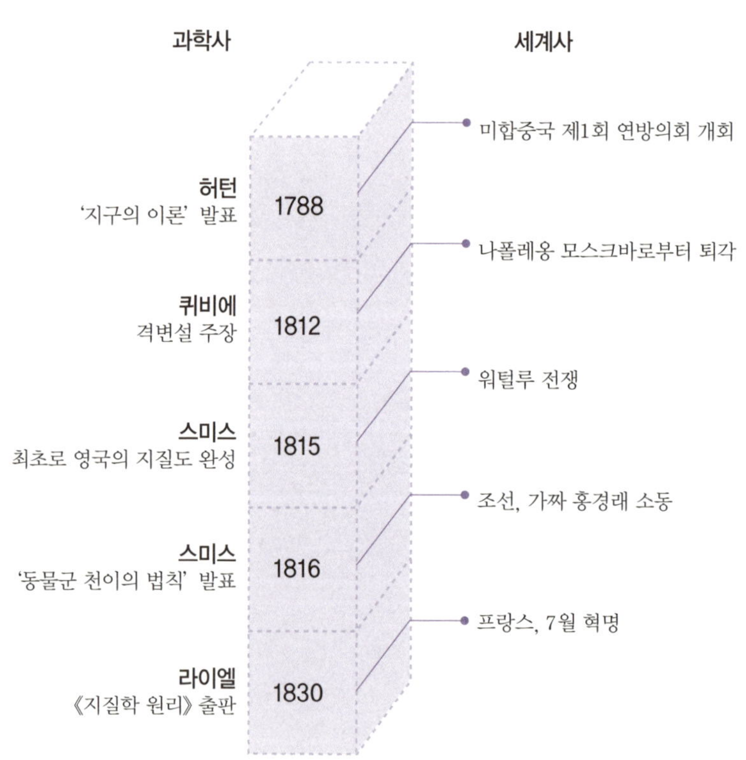

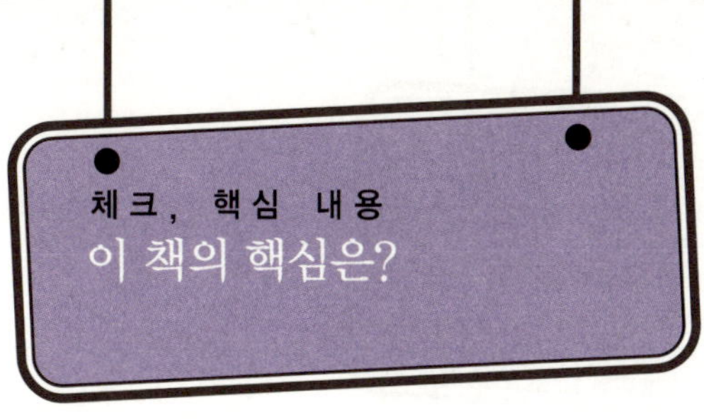


1. 바다 환경은 깊이에 따라서 대륙붕─□□ □□─심해저 평원─해구
   로 구분됩니다.

2. 퇴적물은 크기에 따라서 □□─실트─모래─□□ 로 구분됩니다.

3. □□ □□ 는 알갱이의 크기가 위로 갈수록 작아지는 층리로서 지층
   의 순서를 결정하는 데 이용됩니다.

4. 지각 변동으로 지층이 뒤집어지지 않은 경우, 아래에 있는 지층이 위에
   있는 지층보다 오래된 것이라는 내용의 법칙은 □□ □□ 의 법칙입
   니다.

5. 공룡이 살았던 중생대는 트라이아스기─쥐라기─□□□ 로 구분됩
   니다.

6. 45° 60° 로 표시된 지층의 주향은 □ 60° □ 이고, 경사는 45°□□
   입니다.

7. 석유가 모여지기에 적합한 지질 구조로서 횡압력을 받아 지층이 휘어
   진 것을 □□ □□ 라고 합니다.

1. 대륙 사면, 경사면 2. 점토, 자갈 3. 점이 층리 4. 지층 누중 5. 백악기 6. N, E, N, W 7. 배사 구조

# 달의 지질 시대

우리가 살고 있는 약 46억 년의 역사를 지닌 지구에서 가장 가까운 천체인 달은 언제 생겼으며, 달의 지질 시대는 어떠할까요? 그리고 어떻게 이것을 알 수 있을까요?

지구의 지질 시대는 지층에 포함된 화석을 이용하여 고생대, 중생대, 신생대 등으로 구분합니다. 그러나 달에는 지구와 달리 화석을 포함한 지층이 없습니다. 그렇다면 달의 지질 시대는 무엇을 기준으로 구분할까요? 달의 표면에는 수많은 운석 충돌로 생긴 구덩이가 있습니다.

이 운석 구덩이가 바로 달의 지질 시대를 구분하는 기준입니다. 달에는 공기가 없기 때문에 운석 충돌로 운석 구덩이가 생기면 풍화 작용을 거의 받지 않아서 생긴 형태를 오랫동안 거의 그대로 유지하게 됩니다. 달의 표면에 운석 구덩이가 많은 부분은 많은 운석 충돌을 겪은 오래된 곳이고, 반대로 운석 구덩이가 적은 부분은 운석 충돌을 적게 겪은 젊은 지역임을 알 수 있습니다. 따라서 바다라고 하는 달의 어두운 부분은 운석 구덩이가 적어서 젊은 지역이고, 육지라고 하는 달의 밝은 부분은 운석 구덩이가 많기 때문에 오래된 지역임을 알 수 있습니다.

달 표면 운석 구덩이의 형태는 아주 오랫동안 유지되지만 시간이 지남에 따라서 변합니다. 따라서 운석 구덩이의 모양이 선명한 것은 젊은 것이고, 그 형태가 희미할수록 오래된 것임을 알 수 있습니다. 또한 운석 충돌로 인하여 생긴 물질은 운석 구덩이로부터 먼 거리까지 튕겨 나갑니다. 따라서 새로 생긴 운석 충돌 물질은 오래된 운석 충돌 물질을 절단하며 분포하게 됩니다. 이것은 절단 관계의 법칙을 이용하여 지층의 형성 순서를 결정하는 것과 같은 개념입니다.

이러한 운석 구덩이의 분포와 형태를 기준으로 달의 지질 시대는 선넥타리아기(46억~42억 년), 넥타리아기(~39억 년), 임브리아기(~38억 년), 에라토스테네스기(~32억 년), 코페르니쿠스기(~11억 년)로 구분됩니다. 지구가 탄생한 46억 년 전부터 가장 오래된 암석이 나타나는 40억 년 사이의 시기는 지구의 기록이 없으나 달에는 이 시기의 기록을 보존하고 있어 지구의 초기 역사를 보충하는 데 이용될 수 있습니다.

## 찾 아 보 기
# 어디에 어떤 내용이?

# 수학자가 들려주는 수학 이야기(전 88권)

차용욱 외 지음 | (주)자음과모음

국내 최초 아이들 눈높이에 맞춘 88권짜리 이야기 수학 시리즈!
수학자라는 거인의 어깨 위에서 보다 멀리, 보다 넓게
바라보는 수학의 세계!

수학은 모든 과학의 기본 언어이면서도 수학을 마주하면 어렵다는 생각이 들고 복잡한 공식을 보면 머리까지 지끈지끈 아파온다. 사회적으로 수학의 중요성이 점점 강조되고 있는 시점이지만 수학만을 단독으로, 세부적으로 다룬 시리즈는 그동안 없었다. 그러나 사회에 적응하려면 반드시 깨우쳐야만 하는 수학을 좀 더 재미있고 부담 없이 배울 수 있도록 기획된 도서가 바로 〈수학자가 들려주는 수학 이야기〉 시리즈이다.

★ *무조건적인 공식 암기, 단순한 계산은 이제 가라!* ★

- 〈수학자가 들려주는 수학이야기〉는 수학자들이 자신들의 수학 이론과, 그에 대한 역사적인 배경, 재미있는 에피소드 등을 전해 준다.
- 교실 안에서뿐만 아니라 교실 밖에서도, 배우고 체험할 수 있는 생활 속 수학을 발견할 수 있다.
- 책 속에서 위대한 수학자들을 직접 만나면서, 수학자와 수학 이론을 좀 더 가깝고 친근하게 느낄 수 있다.